"十三五"国家重点出版物出版规划项目
海绵城市设计系列丛书

海绵城市设计图解

GVL 怡境国际设计集团　　编著
闻邱杰

江苏凤凰科学技术出版社

图书在版编目（CIP）数据

海绵城市设计图解 / GVL怡境国际设计集团，闫邱杰
编著． —— 南京：江苏凤凰科学技术出版社，2017.9
（海绵城市设计系列丛书 / 伍业钢主编）
ISBN 978-7-5537-8522-6

Ⅰ．①海… Ⅱ．①G… ②闫… Ⅲ．①城市规划—建筑
设计—图解 Ⅳ．①TU984-64

中国版本图书馆CIP数据核字(2017)第187424号

海绵城市设计系列丛书
海绵城市设计图解

编　　　著	GVL怡境国际设计集团 闫邱杰	
项目策划	凤凰空间 / 曹　蕾	
责任编辑	刘屹立　赵　研	
特约编辑	曹　蕾　石　磊	

出版发行	江苏凤凰科学技术出版社
出版社地址	南京市湖南路1号A楼　邮编：210009
出版社网址	http://www.pspress.cn
总经销	天津凤凰空间文化传媒有限公司
总经销网址	http://www.ifengspace.cn
印　　　刷	北京世纪恒宇印刷有限公司

开　　　本	710mm×1000mm　1/16
印　　　张	14.25
字　　　数	114 000
版　　　次	2017年9月第1版
印　　　次	2024年10月第2次印刷

标准书号	ISBN 978-7-5537-8522-6
定　　　价	158.00元

图书如有印装质量问题，可随时向销售部调换（电话：022-87893668）。

序

近期，国家出台了一系列积极推进海绵城市建设的政策，在国家政策的支持下，财政部、住房城乡建设部、水利部也组织开展了两批30个城市的海绵城市建设试点工作。海绵城市建设正在全国如火如荼地进行着，但国内大规模推进海绵城市建设毕竟只有最近几年的时间，虽然有些起步早的城市取得了一些成绩，但从整体上看，许多规划、设计、施工、维护的技术细节还处于探索阶段，很多城市海绵城市建设经验不足，很有必要学习、借鉴国内外的先进经验，掌握更多的相关知识和专业技能。在这种形势下，我欣喜地看到这本《海绵城市设计图解》问世。它的出现恰逢其时，为我国海绵城市建设提供了技术支持，既可为广大的技术人员提供及时的帮助，也可为城市建设管理部门提供管理的依据。

初看此书，海绵项目案例之丰富、制图之精美深深吸引了我。之后，我细细读下来，感觉颇为受益。全书贯彻了绿色、生态的理念，体现了海绵城市的建设要求，内容聚焦在雨水源头控制的海绵化改造方面，在景观设计中充分考虑了雨水的要素，通过分散的、小规模的多种源头海绵化设计技术，在美化城市的同时，又达到了对雨水所产生的径流和污染进行控制的目的，使城市开发建设后的自然水文循环状态尽量接近于开发前，充分发挥了自然下垫面和生态本底对降雨的渗透、滞留、积蓄、排放作用以及植被、土壤、湿地等对水质的自然净化作用，通过自然和人工相结合的手段，使城市对雨水具有吸收和释放的功能。这在以往以景观设计为主的书籍中是很少见到的。

首先，本书理念先进，具有国际视野。它以建筑与小区、道路与广场、公园与绿地、湖泊水系等建设为载体，通过渗、滞、蓄、净、用、排等多种生态化技术，有效组织了雨水径流排放，既实现了对雨水的自然积存、自然渗透、自然净化功能，又美化了环境。其次，本书专业融合度高，多专业结合得好。无论给排水专业、生态专业，还是景观专业都可以从生态专业和水专业相互融合的实际案例中了解本专业和其他专业的基本原理和设计手法，快速理解各专业在海绵城市建设中的作用，迅速掌握海绵城市设计的核心要素，这对促进专业间相互理解、相互融合、共建海绵城市实在是件大好事，特别难能可贵。第三，本书内容全面，案例丰富。书中汇集了大量中外优秀的海绵城市设计案例，从项目实践中总结出住宅区、绿色屋顶、城市道路、公园绿地、硬质场地、城市水系等六类涉及海绵城市源头控制的场地，提出了不同场地的海绵化改造和建设方案，非常全面。

　　本书的写作很有特点，便于理解。各章在深入分析各类场地现状问题的基础上，先介绍项目改造的设计思路、要点，再介绍设计实例，逻辑清晰，针对性强，对于设计人员非常实用。另外，值得一提的是，本书作者作为一个专业研究生态技术和景观的团队，在生态结合景观方面处理得很好，书中展示的项目景观效果非常好，看上去美观舒服，这也是当今各地海绵城市建设中急需改进的问题。

　　本书内容的表达形式也十分新颖，书中汇集了大量中外优秀的案例，通过图解的形式展示出来，形式活泼，可读性强。

　　本书凝聚了编者大量的心血，体现了作者团队良好的专业素养。书中图文并茂、言简意赅，文字流畅，通俗易懂。既可以帮助设计人员迅速掌握海绵城市的设计要领、技术细节，又可以让广大城市规划建设管理人员迅速了解海绵城市，无论对专业人士还是非专业人士都是非常实用的，颇具参考价值。在海绵城市研究建设的热潮中，作者为同行奉献出这样一本颇具国际视野、实操性强的书籍，实在是值得称道。我相信本书对促进海绵城市项目落地、提升海绵城市规划设计技术、推动中国海绵城市建设是十分有意义的。

住房城乡建设部海绵城市建设技术指导专家委员会委员
教授级高级工程师
中国城镇供水排水协会副秘书长
中国城市规划设计研究院水务与工程院原副院长

前言

　　记得十几年前，我还在美国求学的时候，在一门景观设计课中，遇到了一个滨河场地的设计问题，老师问了一句：你这个设计考虑过雨水管理吗？一下子把我问懵了。我回想之前在国内的设计实践，确实很少有考虑雨水管理这个领域，国内的景观设计师们通常都会把雨水管理交给排水专业，将雨水全部排向市政管网了事，这个后果是可想而知的。在欧美国家，雨水管理早已写入法律条文，是执业景观设计师必须要掌握的技术。而在我国，雨水管理的概念是通过"海绵城市"一词才开始受到关注，才刚刚起步。

　　近两年来，刚起步的海绵城市建设浪潮如疾风骤雨般，席卷了整个中国，大家对更专业、更适合我国国情的海绵城市知识的需求与日俱增，而现有的资料基本都是以水利学、工程学、生态学为基调，以教科书、技术规范为形式的科技读物。对于非给排水专业背景的读者来说，不但深奥难懂，而且不具备可操作性，造成了目前只有少数人了解的"外冷内热"的现状。因此，我们萌生了写一本独特的海绵城市图册的想法，将枯燥的海绵城市知识转化为通俗易懂的图解，让所有人都能通过这本书迅速了解海绵城市的基本原理和构造，实现"零基础"阅读，更好地推动我国海绵城市知识的普及和推广。

　　作为一个专门研究生态技术的团队，GVL怡境国际设计集团研究中心从成立至今，开展了大量海绵城市方面的研究，并完成了一批海绵城市的科研成果和项目案例。此书中关于海绵城市的大部分理念都是我们从项目实践经验中总结而来的，通过研究与实践的反复交替，形成了一套我们自己实践海绵城市的方法论。

　　我们认为，只要有降雨的场地，就具备实施海绵城市的条件，仅是技术细节上会有所差异。因此，在此书中，我们将海绵城市的应用范围归纳为6个场所，涵盖城市空间的每个角落，分别是：城市住宅区、绿色屋顶、城市道路、城市公园绿地、大面积硬质场地、城市水体。我们深入分析了每个场所面临的问题，并提出解决方案，列举了典型的海绵城市策略与技术要点，通过简洁生动的图解方式和意向图片，让读者直观地了解海绵城市技术，做进一步的研究和探索。

　　另外，作为一家景观设计公司，我们除了实现海绵城市的生态功能外，还特别关注海绵城市的美学效果。因此，书中也提供了大量艺术化处理的海绵城市细节，做到技术和艺术的完美结合，以此提升我们的环境品质。

　　此书的编著汇聚了GVL怡境国际设计集团的学术研究成果，感谢集团总裁彭涛先生的大力支持和鼓励，感谢集团研究中心及品牌推广部同事的付出和心血，也感谢凤凰空间曹蕾女士的耐心编排和悉心校对。正因为有你们，这本《海绵城市设计图解》才能与大家在这恰到好处的时机中相见，我们希望借此书的出版为我国的海绵城市建设尽一分力量。

闾邱杰

GVL怡境国际设计集团设计总监，研究中心总监

2017年5月于深圳

目录

第6章 城市水体 // 188

第1章

城市住宅区

现如今，城市发展迅速，人口激增，住宅密度增长，土地使用过度，环境缺乏保护措施，人们生活的城市往往过度拥挤。因此，合理规划和改造住宅区，为居民提供安全舒适的生活环境至关重要。近年来，极端变化的天气导致我国很多地区遇到强降水等气候灾害，许多城市雨水管网压力过大，来不及排水，从而导致内涝的发生，城市住宅区更是问题严重。所以，住宅区绿地改造和高层住宅设计面临很大的挑战，如何利用海绵城市设计理念提升小区景观在空间、环境上的舒适度，是当前景观设计领域的趋势所在。

本章按传统住宅区与新型住宅区海绵城市设计策略分类。传统住宅区是指直

接建造在地基之上，没有架空层，地面径流可以直接下渗到土壤和地下水的楼层数不高的小区。这类住宅小区，一般可以直接使用海绵城市技术手段，主要有：雨水花园、生物滞留池、透水路面、生态树池和绿色停车场等。新型住宅区可以理解为现在普遍存在的高层住宅小区，这类小区因为楼层高，通常地基打得很深并附带地下停车场。居住空间建在停车场地库顶板之上，小区景观也同样设计在地库顶板的覆土之上，这样的结构条件，可以结合海绵城市技术创造新的循环系统，即将路面、屋顶和绿化的雨水通过下渗和过滤收集到地库的水箱中，用作小区绿地浇灌。运用海绵城市设计方法合理规划和改造居住区可以有效减少硬质场地积水问题，保障居民活动和出入的交通安全，增加绿化面积，创造宜人小气候，增加生物多样性。

1.1 传统住宅区雨水问题

1. 现状问题分析

随着城市居住用地面积不断增加，城市自然地表被居住区域的不透水硬质材料替代，雨水自然下渗、净化和收集面临很大挑战。住宅区的景观用地应考虑结合海绵城市设计方法，在有限的绿化面积里，采用下渗、滞留、净化的策略，缓解城市居住区洪涝灾害。

除此之外，住宅区一般人群集中，一旦发生积水和洪涝灾害，会直接造成人身安全隐患和财产损失；另一方面，由于雨水不能及时排放，雨水中溶解的大量污染物也会造成卫生安全隐患。

改造前

城市住宅区的平均绿化率小于25%，传统雨水管网系统无法满足暴雨袭击时快速排涝的要求。

传统住宅区的雨水汇流区主要是道路两边的排水口，暴雨时无法满足快速排雨的标准。

传统低层和多层住宅，排水管网老化、硬质区域无法快速排水，容易造成雨水滞留。

居住区占据城市建成的面积 **40%~60%**

入口积水

雨污合流垃圾堵塞

积水造成建筑安全隐患

2. 传统住宅区雨水系统流程

这里通过流程图展示雨水降临时各项海绵城市设施的运作方式和雨水处理过程。

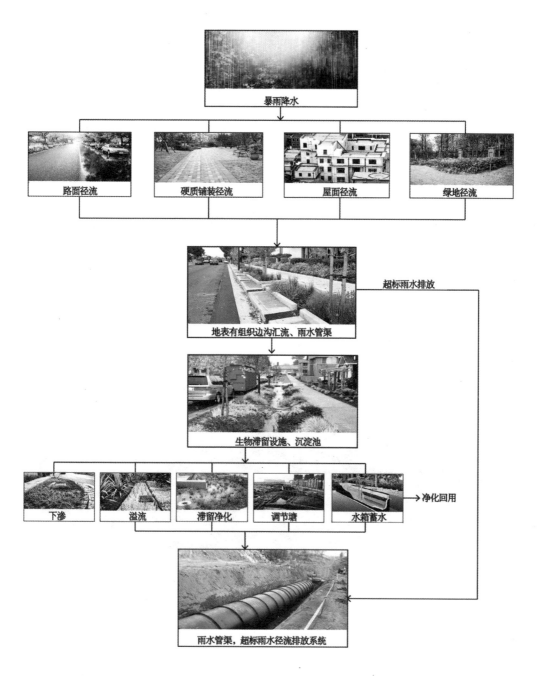

3. 传统住宅区整改策略

通过住宅区改造，可增加自然汇水区域来收集、滞留雨水，从而缓解传统管网压力和减少径流面源污染，改善传统住宅区的雨水存积问题。

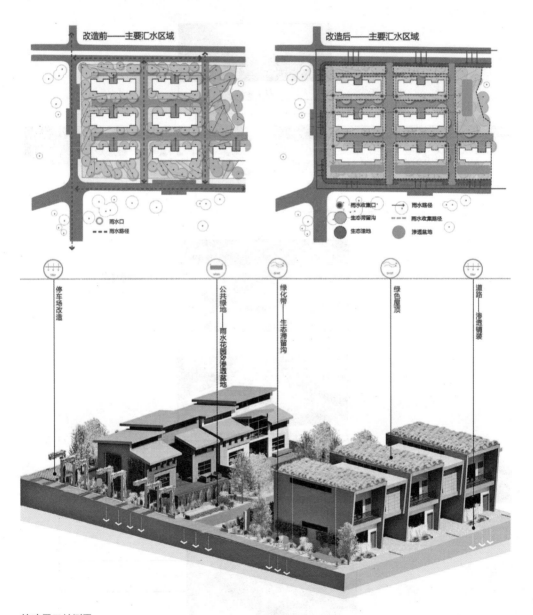

策略展示轴测图

充分利用传统多层和低层住宅区的特点，通过绿色屋顶、雨水花园、生态停车场、透水铺装等设施收集、渗透雨水，增加雨水利用效率

德国气候适应型海绵城市社区，增加雨水存蓄功能，解决了区域积水问题，同时增加场地和人群的互动性

　　解决原来住宅场地的雨水存积和内涝问题，创造生态循环水系统。升级场地景观设计和设施，增加场地趣味性和参与性

1）宅间雨水花园

传统住宅区中的绿地可以改造成下沉式宅间雨水花园，用来收集周边硬质铺装的雨水。

传统住宅区绿地改造前

宅间雨水花园海绵城市改造措施

传统住宅区雨水花园可以丰富和美化生活环境，设计感不同的花园也能增加景观乐趣

创意汀步设计　　　　　　　　　细节小品设计　　　　　　　　　创意散水设计

2）停车场雨水花园

传统住宅区中的停车场可以改造成透水植草砖和生物滞留带，用来收集周围雨水。

改造前

停车场现有绿地普遍高于路面，且被不透水路面包围，暴雨来临时，雨水无法排入绿地，造成路面积水。

停车场周边绿地改造前

改造后

卵石铺层
生态滞留土层
碎石层
排水管
树皮覆盖层
种植土层
大乔木种植

停车场雨水花园海绵城市改造措施

滞留池的植物既可净化、收集雨水，增加景观效果，也可以吸收停车场汽车排放的尾气，净化空气

生物滞留池中的卵石可以初步净化停车场径流中的污染物

3）活动场地

传统住宅区中的树池可以改造成滞留式生态树池，用来收集开放场地中的雨水。

住宅区活动场地改造前

住宅区活动场地海绵城市改造措施

生态树池地面种植形态和样式可以结合道路铺装

生态树池结合明沟排水设计，增加趣味性

结合场地特性，打造不同风格的树池

结合场地性质和周边环境进行合理设计

4）宅间道路

传统住宅区中的宅间道路和绿化带可以改造成透水路面和生物滞留池，用来收集道路上的雨水，避免路面雨水沉积对居民生活造成影响。

住宅区步行道改造前

住宅区步行道海绵城市改造措施

宅间道路可结合海绵设施来缓解传统住宅的雨水内涝问题；另一方面，海绵设施的介入可以增加小区绿化面积，创造宜人的小气候，提升居住环境的舒适性。

透水路面

生物滞留池

生物滞留池

5）车行道

传统住宅区中的车行道考虑机动车荷载，一般不建议使用透水路面，而是利用道路两侧绿化带收集、消纳路面雨水径流。

住宅区车行道改造前

住宅区车行道海绵城市改造措施

6）传统住宅区透水路面参考样式

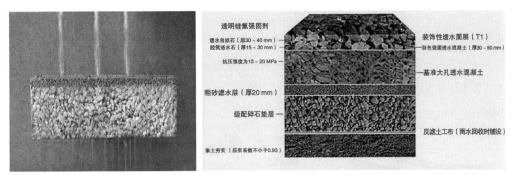

透水铺装透水效果　　　　　　　　　　　　　　　　透水铺装结构

透水铺装结合生物滞留设施创造不同景观氛围

透水铺装景观效果

　　透水路面维护：透水性路面空隙被阻塞后，常用的清洗措施有化学药品清洗和机械清洗。化学药品清洗一般使用过氧化氢；机械清洗比较普遍，清洗方式已从单纯的高压水冲洗发展到高压水冲洗与真空抽吸相结合。

7）传统住宅区改造案例分析

镇江置业新城是由 GVL 怡境国际设计集团设计的镇江住宅区改造项目。以海绵城市建设为契机，设计团队首先确立了镇江置业新城项目雨水管理和环境提升目标，之后运用专业的雨水分析工具，精确计算出城市的建设规模，又根据场地的实际情况选择了合适的海绵城市设施，如生物滞留池、雨水花园、排水旱溪、植草沟和透水铺装等，最终实现小区雨水零排放，减少了管网的排水压力，消除了雨水带来的污染。同时，设计团队还根据居民的实际需要，增加了铺设透水铺装的停车位及新的可透水活动空间。绿化环境也得到了很大提升，获得居民的好评，实现了多方共赢的设计目标。

镇江置业新城改造总平面

雨水花园的植物设计至关重要，其品种需要有良好的耐淹、耐旱能力，且具有审美的价值；特制路缘石缺口结构可吸纳 85% 的路面雨水径流

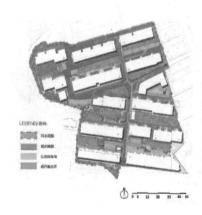

镇江置业新城海绵城市方案平面

下凹式绿地中的卵石排水槽是根据坡度设置的，能有效引导、缓滞径流，并去除污染物。同时，卵石排水槽成为景观美化的一部分，增加海绵城市项目的美感

透水砖错缝铺设，错缝宽度约为 1.25 cm，铺设沙砾石增加下渗能力及净化能力；花坛边缘做缺口处理，方便吸纳路面的径流，花坛里的土壤则采用特殊配方的介质土，兼顾下渗率及植物所需的肥力

图为雨水花坛建成效果。花坛边缘做缺口处理，用来收纳周边场地雨水，缺口处放置砾石以防止雨水侵蚀，内部下凹处理，花坛内部放置景石，与砾石垫层、植物形成有特色的雨水花坛景观

雨水花坛中的溢流口设计，用于溢流过量雨水

通过雨水管断接技术收集屋面雨水。通过改造传统的建筑散水收集建筑墙面及基座径流。收集到的雨水统一在生物滞留池中处理，实现雨水零排放

小区道路生物滞留池效果图

1.2 新型住宅区

1. 现状问题分析

随着城市化进程的加快，大量人口涌入城镇，人们对居住的需求不断增多，导致目前住宅区的建设多以高层住宅为主。

由于高层建筑需要通过建设地下车库来缓解小区停车的问题，因此高层住宅区的景观往往建在地库的顶板上面。因为缺少土壤的下渗和净化，下雨时，过量的雨水会沉积在地库顶板上，威胁顶板安全。海绵城市的建设可以缓解地库顶板的内涝，降低雨水带来的风险。居住区人群集中，一旦发生洪涝灾害会直接对人们出行造成影响，甚至会对居民人身财产造成威胁；同时，如果混有生活垃圾的雨水长时间得不到排放，也会对卫生安全造成影响。严重的还会导致地库积水，车辆报废。

地库顶板上的小区绿化蓄水能力较差，雨水容易汇积在硬质铺装区域，导致积水问题。

高层住宅小区建在地库顶板之上，雨水不能直接排放到地下，补充地下水。暴雨来时，单一的管道排水通常无法满足上述需求。

居住区占据城市建成面积的 40%~60%

积水导致财产损失

内涝影响出行安全

地下车库积水

2. 新型住宅区海绵城市策略

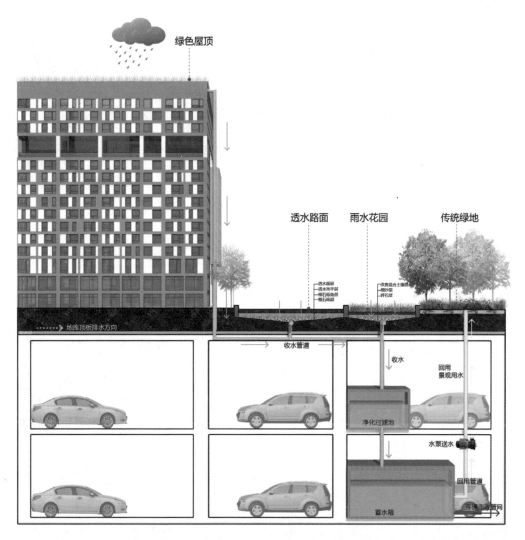

绿色屋顶

透水路面　雨水花园　传统绿地

透水面层
透水找平层
砾石铺垫层
粗石铺底层

改善混合土壤层
细沙层
碎石层

地库顶板排水方向

收水管道

收水

回用
景观用水

净化过滤池

水泵送水

回用管道

蓄水箱

连接市政管网

新型住宅区中采取的海绵城市策略分析

　　由于城市人口密度加大，城市住宅区楼层越来越高，为满足居民对停车位的需求，地下车库常有几层停车场；小区中的景观建造在地库顶板之上，没有直接与地下土壤相连，而且这类小区硬质表面也比较多，所以当暴雨来袭，小区中的传统绿地无法快速消纳降雨，极易造成积水或者洪涝灾害。

　　最好使用住宅区海绵城市雨水回用循环系统，连接地面排水、收水设施和地下排水管道，科学收集、净化、回用雨水，打造新型绿色生态社区。

3. 新型住宅区地库顶板小区园路

地库顶板小区园路改造前

地库顶板小区园路海绵城市改造措施

4. 新型住宅区地库顶板小区广场

高层住宅区中的硬质广场可以结合透水铺装、排水明沟及生物滞留设施，设计成一个集收集、净化、储存雨水于一体的良性循环系统。

新型住宅区地库顶板小区广场改造前

新型住宅区地库顶板小区广场海绵城市改造措施

5. 新型住宅区地库顶板小区绿地

小区地库顶板绿地缺乏收水设施，导致雨水大面积汇集，无法有序排放。

新型住宅区地库顶板小区绿地改造前

地库顶板上居住区绿地，综合利用地形设计成下凹式雨水花园来收集周边雨水。

新型住宅区地库顶板小区绿地海绵城市改造措施

6. 新型住宅区地库蓄水箱参考样式

地库蓄水箱

地库雨水管和排水管

地库雨水管

1.3 植物策略

1. 生物滞留设施植物选择

 生物滞留设施

宜选择耐水淹、根系发达易排水、有一定的抗干旱能力, 低维护, 具有良好景观效果的植物。

鸢尾	黄菖蒲	狼尾草	蓝羊茅	千屈菜	花叶芦竹	细叶芒
金叶小檗	紫穗槐	醉鱼草	小叶女贞	栀子花	矮紫薇	红叶石楠

各种种植风格的生物滞留池

2. 乔木选择

雨水花园要满足蓄水、下渗的功能，因此对乔木也有一定的要求，宜选择可以在短时间内忍受大量雨水径流、根部排水能力很强的树种。

小果冬青

榉树

朴树

紫薇

国槐

耐旱又能忍受一定雨水径流的树种

可以在潮湿土地生长又能忍受干旱的树种

3. 水生植物选择

由于住宅区的景观要求，雨水花园中需要具有耐淹性、观赏性的水生植物点缀水池并拦截污染物。

金鱼藻

细叶莎草

千屈菜

水葱

黄菖蒲

睡莲

4. 地被植物选择

地被植物

宜选择耐践踏、低矮、能够承受短时间雨涝及长时间干旱的植物。

结缕草　　毛车前　　野牛草

早熟禾　　紫花地丁　　狗牙根

1.4 小结

1. 住宅区海绵城市设施的经济效益和生态优势

（1）雨水滞留贮存区域和地库停车场蓄水箱可以降低部分居住区的景观绿化灌溉经费、积水路面的抢修费用以及因暴雨带来的居民出行损失费用。

（2）扩大绿化面积，增加植被覆盖，可以缓解城市热岛效应，改善居住区小气候，吸附住宅区停车位残留尾气，增加居民生活舒适度。

（3）丰富生物多样性，为鸟类及昆虫营造更多的栖息空间，为都市人创造更友好的生活环境。

（4）建设费用与维护费用较低（雨水滞留池、植草沟、透水路面、生态树池、生态停车场等）。

2. 住宅区施工注意事项

（1）住宅区海绵城市系统应该按照先地下后地上的顺序进行施工、防渗、水土保持等。设施应设置溢流排放系统，并与城市雨水管渠系统和超标雨水径流排放系统有效衔接。

（2）植草沟的边坡坡度比（垂直∶水平）不宜大于 1∶3，纵坡不应大于 4%。纵坡较大时宜设置阶梯型植草沟或在中途设置消能台坎。

（3）生物滞留设施的蓄水层深度应根据植物耐淹性能和土壤渗透性能来决定，一般为200～300 mm，并应设 100 mm 厚的溢流缓冲层。

（4）小区生物滞留池、生态树池、透水铺装等海绵城市设施应该由小区物业管理部门定期检查维修。

（5）对于径流污染严重、设施底部渗透面距季节性最高地下水位小于 1 m 及距离建筑物基础小于 3 m 的区域，建议采用底部防渗的复杂型生物滞留设施。

（6）蓄水池为地下封闭的简易雨水集蓄利用设施，可选用塑料、玻璃钢或金属等材料。

（7）住宅小区的海绵城市设施工程的竣工验收应严格按照相关施工验收规范执行，并重点对设施规模、竖向、进水设施、溢流排放口、防渗、水土保持等关键设施和环节做好验收记录，验收合格后方能交付使用。

（8）小区路面宜采用透水铺装，透水铺装路面设计应满足路基路面强度和稳定性等要求。

3. 住宅区海绵城市设施的后期维护

住宅区海绵城市设施不需要非常细致的维护和管理，但是小区的绿化有关美化需求，基本的前期准备和后期维护也是必不可少的。第一，在初期清除有攻略性的种子，为种植物做好准备，一年一次的杂草清除便可逐渐减少；第二，根据当地气候，建议在冬天结束春天开始时修剪掉死去的干燥茎干，此时干燥的茎干可以直接打碎，作为土地的透水覆盖物，后续的植物浇灌用水大多采用海绵城市本身的有机调动。

雨水回收与利用

雨水花园营造别样空间

雨水花园的植物搭配

绿化修剪及维护

1.5 优秀案例
——Kemerlife XXI 住宅区设计

项目地点：土耳其，伊斯坦布尔　　　景观设计：DS landscape

项目类型：住宅社区景观　　　项目面积：40 000 m² 　　　完成时间：2006 年

Kemerlife XXI 住宅区坐落在伊斯坦布尔最重要的地下水储存区上，该区域要求采用更加环保的可持续的雨水利用方式。通过收集场地内部由降雨产生的径流，使雨水经过设施和植物净化，最终到达社区的中心雨水花园之中。通过景观设计，利用高差、建筑阴影和独特的雨水流线，达到雨水花园最低散热和几乎零损失的雨水利用过程。

因项目的住宅区属性，中心雨水花园被设计成为集礼宾花园、社交节点、游乐场等多功能于一体的场地使用。区别于正常的环境设计方式，项目利用自然雨水构建新的雨水循环系统，使之成为小区最重要的景观。梯田形式的雨水花园提供娱乐、休闲和社交场地，项目中所有原材料均为当地建材，构建了低造价和低维护的舒适生活居所。

住宅区海绵景观俯视

收集的雨水成为水景

海绵城市设计图解

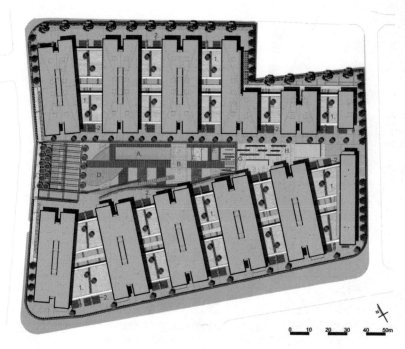

内院：
A 泳池
B 日光浴平台
C 木甲板
D 草坪
E 广场
F 儿童泳池
G 水体净化区
H 卵石露台
宅间花园：
1 混凝土平台
2 木甲板

0 10 20 30 40 50m

景观总平面图

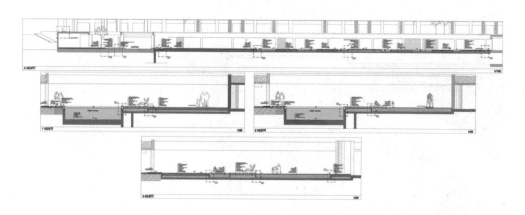

泳池及水景剖面结构图

雨水通过周边的植物净化后排入水景

住宅区夜景灯光

梯级雨水花园可净化水体

建筑架空层下凹绿地

住宅区入口雨水径流收集池

1.6 优秀案例

——布里斯托尔海滨公共景观

项目地点：英国，布里斯托尔　　景观设计：Grant Associates

项目面积：66 000 m² 　完成时间：2015 年

布里斯托尔公共景观基于强大的可持续设计，接近海滨位置。可持续城市排水系统将场地雨水从建筑屋顶经过一系列雨水管道、渠道、生物滞留池、小溪进行传输净化，最后于海边设置芦苇区深入净化后，排放至海港内。雨水流动过程中可以灌溉植物，形成具有吸引力的水景区域，为市民提供休闲互动空间。

该项目创造了一个可持续生态设计的楷模，增加了当地物种多样性和生态丰富性。它的成功，使布里斯托尔成为可持续的绿色城市，于 2015 年获得"欧洲绿色之都"称号。它创建了一个节能城市，提升了当地社会影响力，带动了旅游经济的发展。

公共区景观俯视

雨水径流通过湿地净化后排进海港

海绵城市设计图解

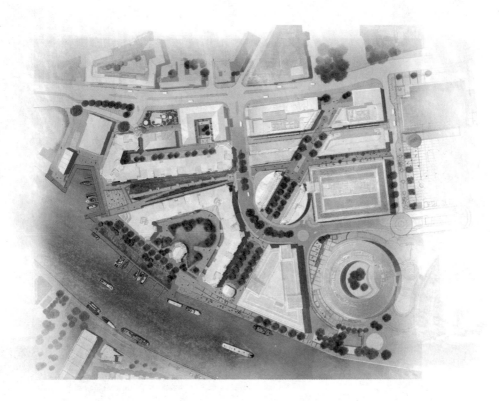

公共区景观平面图

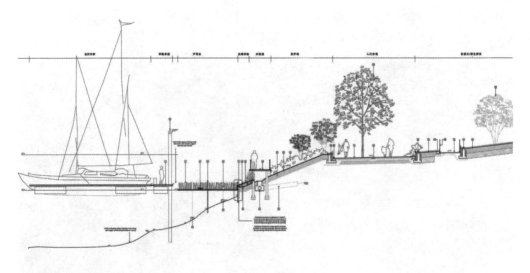

海岸梯级海绵设施剖面图

宅间街道下凹绿地景观

雨水湿地芦苇床效果

功能空间与宅间街道

下凹绿地与休息节点

滨海湿地与景观桥

湿地的植物组合可净化雨水径流水质

道路与下凹绿地的空间关系

第 2 章

▶ 绿色屋顶 ◀

随着城市化进程的加快，城市人口增加，城市中密布的高楼大厦变成了钢筋混凝土森林。随着地表和建筑屋顶的硬质化铺装的增多，雨水难以下渗至地下土壤，导致在降雨过程中形成大量的地表径流，增加雨洪内涝发生的概率。大部分市政雨水管道的建设只能应对普通降雨强度，当暴雨发生时，过量的雨水形成径流淹没城市道路、广场、商铺等，造成大量的经济损失，极端情况更会危及市民生命安全。建筑屋顶面积占城市面积的比重较大，大部分的建筑屋顶产生的雨水径流通常都会直接外排至市政管网，增加了市政雨水管道压力的同时，又造成了大量水资源的浪费。因此通过建设海绵城市绿色屋顶，从源头上控制径流污染、削减雨水径流量将会成为未来城市建设的重要目标。

本章研究海绵城市中建筑屋顶的三种类型，根据不同的屋顶荷载形式，分为开敞型绿色屋顶、密集型屋顶和低荷载的坡屋顶。着重分析雨水收集和回用的系

统流程，针对绿色屋顶的建造结构和雨水管理系统，介绍雨水收集、净化和存储的流程细节。对于过量的雨水溢流现象以及绿色屋顶高差带来的雨水冲刷问题，重点介绍能够缓解冲击势能的出水口设计，并结合生物滞留设施和市政管道，形成系统的绿色屋顶雨水排放流程。同时，为应对绿色屋顶的现状，本章也列举了适宜的景观植被，并对绿色屋顶和雨水设施的维护管理进行总结，为景观设计师提供完整的绿色屋顶设计参考。

把雨水收集、净化、存储和回用作为屋顶设计的系统核心，从源头控制建筑屋顶雨水径流。设立蓄水设施收集屋顶雨水，溢流出的雨水由建筑周边的下凹海绵设施消纳处理。这样能最大限度减少城市雨洪产生的概率，从而减轻城市内涝经济损失。收集的雨水可以用于日常植物浇灌、建筑中水利用和景观用水，大大节省了日常水费，产生良好可持续的经济效益。绿色屋顶的建设能够开发建筑闲置地块，营造更好的景观环境，增加人群活动空间，多方面提升建筑的价值。

2.1 建筑屋顶现状分析

建筑屋顶普遍闲置的现象在我国寸土寸金的城市中造成了大量的资源浪费。建筑屋顶的硬质化铺装产生大量的雨水径流，而建筑周边缺少相应的海绵设施消纳雨水，大部分雨水外排至雨水管道，加大市政雨水管道排洪压力。裸露的屋顶表面缺少保护层，导致风吹日晒的建筑屋顶老化速度加快，从而需要花费大量的资金进行翻新维护。

城市屋顶大面积闲置，造成资源浪费　　　　建筑屋顶裸露无保护，老化严重　　　屋顶硬质化形成积水

2.2 绿色屋顶与海绵城市建设

雨洪来临时，建筑屋顶产生的径流是导致城市内涝的重要原因之一。因此，将城市的建筑屋顶改造为绿色屋顶能有效缓解城市雨水径流压力。一方面，通过海绵城市结构来收集、储存雨水，并利用雨水进行浇灌，可以节省各种能耗；另一方面，绿色屋顶将形成良好的城市景观，提升城市的整体绿化率。

绿色屋顶策略中，表面种植绿色植被，用以吸收雨洪期间多余雨水径流，通过植物根系净化过滤，将雨水收集到雨水桶进行存储回用；绿色屋顶底层有轻质土层、防根系穿透层、排水层以及防水层等多层结构保护，同时能保护建筑表层；多样植物搭配的绿色植被层可以吸收建筑热量，缓解城市热岛效应。

城市屋顶占城市表面面积的30%，国内大部分建筑屋顶裸露，硬质化屋顶和路面使雨水滞留难以下渗，加剧建筑屋顶老化、城市内涝。

改造前

屋顶表层无保护表面老化严重。

屋顶硬质化，径流引发内涝。

屋顶缺少绿化，增加城市热岛效应。

屋顶普遍闲置，占城市30%面积。

建筑屋顶改造前

绿色屋顶增加城市绿化面积，提高绿化率，同时收集建筑屋顶的雨水径流，通过雨水管渠收集到雨水箱，用于浇灌或建筑中水回用。绿色屋顶的多层结构可以保护建筑表皮，同时吸收建筑热量，降低内部温度。

改造后

屋顶花园设计，增加城市绿色空间。

多层铺装结构保护减缓建筑顶层老化。

植物层吸收热量，缓解城市热岛效应。

雨水收集设施，收集屋面雨水回用。

建筑屋顶海绵城市改造措施

绿色屋顶创造宜人活动空间

屋顶绿化吸收建筑热量，降低室内温度

雨水桶收集屋顶雨水，用于日常浇灌

绿色屋顶融合了景观与建筑，重新定义了屋顶与花园、游客与展览的关系

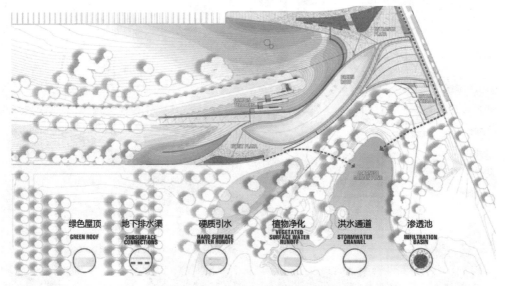

绿色屋顶	地下排水渠	硬质引水	植物净化	洪水通道	渗透池
GREEN ROOF	SUBSURFACE CONNECTIONS	HARD SURFACE WATER RUNOFF	VEGETATED SURFACE WATER RUNOFF	STORMWATER CHANNEL	INFILTRATION BASIN

植物园绿色屋顶结合建筑周边场地共同设计，雨水通过屋顶植被净化后排入周边的雨水花园，使雨水净化成为一个系统的过程

2.3　绿色屋顶雨水系统流程图

　　建筑屋顶作为雨水径流产生的区域之一，应有组织地进行雨水收集、净化、存储和回用。将多余溢流的雨水再排放至市政管网，达到雨水最大化处理，高效利用雨水资源。因屋顶高差问题，在出水口应设置缓冲池，减轻雨水冲击，并配合周边下凹海绵设施消纳溢流雨水。

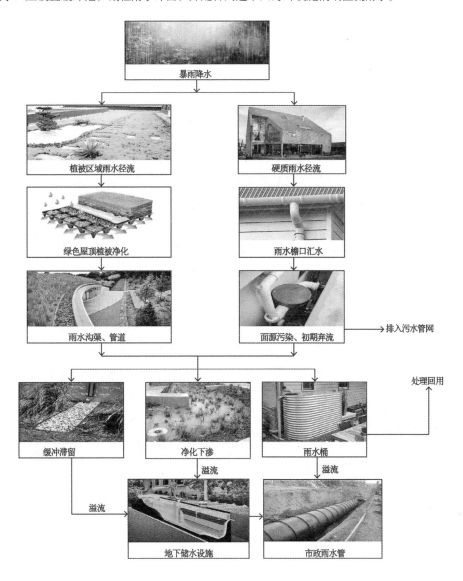

2.4 绿色屋顶三大类型

屋顶绿化应与景观设计结合，针对不同屋顶的荷载，确定功能需求，设计建造宜人的屋顶花园。海绵城市屋顶根据荷载形式可以分为开敞型绿色屋顶、密集型屋顶花园和屋面雨水收集三大类。应对坡度较大的屋顶或者荷载较低的平屋顶，应考虑屋顶雨水收集系统。绿色屋顶设计应着重考虑结构稳定性和实用性，合理的设计能够创造宜人的绿色空间，同时减少屋顶花园的维护费用。

1. 开敞型绿色屋顶

绿色屋顶形成了新的广场花园，增加了建筑的活动空间

1）问题分析

屋顶荷载较小，承重在 $60 \sim 150 \, kg/m^2$，适宜建设开敞型绿色屋顶。

2）解决策略

绿色屋顶设计有基本结构层，同时屋面坡度大于 2°，以有效汇聚、收集雨水。

开敞型绿色屋顶改造前

开敞型绿色屋顶海绵城市改造措施

3）开敞型绿色屋顶实际案例展示

降低建筑室内温度，节能环保

绿色屋顶与周边景观融合，使建筑融入自然

开敞型绿色屋顶与周边景观结合设计

2. 密集型绿色屋顶

1) 问题分析

屋顶荷载较大，承重在 150 ~ 1000 kg/m²，适宜建设密集型绿色屋顶。

2) 解决策略

密集型绿色屋顶荷载承受能力较高，能够种植覆土较高的乔木、灌木，打造景观体验丰富的屋顶花园。

密集型绿色屋顶改造前

密集型绿色屋顶海绵城市改造措施

3）密集型绿色屋顶实际案例展示

利用乔木、灌木围合成宜人的屋顶花园

广州太古汇公共空间的屋顶绿化，大量种植覆土较厚的乔木，营造广场的氛围

屋顶变成私密的屋顶花园，增加休闲交流空间

搭配树池乔木，丰富景观空间体验

3. 低荷载坡屋顶

1）坡屋顶问题分析

屋顶结构顶板荷载不能满足绿色屋顶结构和植物荷载，其坡度较大，绿色屋顶结构容易滑落，抗风性较低，不能实施绿色屋顶。雨洪期间雨水排放至建筑周边，增加内涝风险雨水浸泡危害建筑地基。坡屋顶长期受到雨水冲刷，屋檐、屋脊结构损坏，加剧建筑老化。

雨洪时期的坡屋顶

雨洪时期的坡屋顶

2）低荷载坡屋顶解决策略

增加屋檐排水槽、雨水管、雨水桶等结构，组成坡屋顶雨水收集系统。

坡屋顶雨水收集结构：

（1）屋檐排水槽：坡屋顶雨水收集应在屋檐处设置屋檐排水槽，利用坡度收集屋顶雨水径流。排水槽最好具备一定的固体截留功能，截留屋顶落叶及大颗粒污染物。

（2）入水口：雨水经入水口流进雨水管，独特的滤网设计能够过滤固体污染物。

（3）初期弃流：收集降雨过程前 10 分钟的初期雨水，通过弃流装置排放至市政管道。避免屋顶灰尘、初期雨水污染物过度污染雨水箱。

3）低荷载坡屋顶实际案例展示

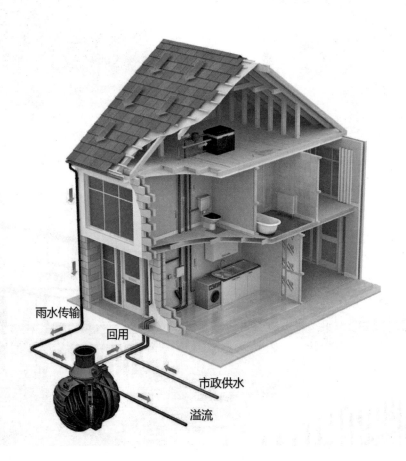

坡屋顶雨水流入雨水桶前，首先经过初期弃流，保证雨水的干净

雨水桶外形紧密结合建筑设计元素，营造美好的装置效果

屋檐排水槽，引导收集屋面雨水径流

入水口，隔绝固体杂物

雨水初期弃流装置，收集初期污染雨水

出水口，设置弧度缓解雨水重力势能

卵石缓冲渠，防止冲刷带来的地形破坏

地下蓄水模块，大容量储存下渗雨水并回用

2.5 小结

1. 绿色屋顶设计五大原则

1）选择适宜的植物

总体原则：屋顶花园一般应选用低矮抗风、根系较浅、耐旱、耐寒、耐贫瘠的植物。

景天属：佛甲草、垂盆草、凹叶景天、金叶景天等。

宿根草花类：石竹属、百里香属、大花金鸡菊、紫菀属等。

藤本地被类：蔓长春花、油麻常春藤等。

矮花灌木类：矮生紫薇、六月雪、锦葵、木槿、小叶扶芳藤、扶桑、假连翘等。

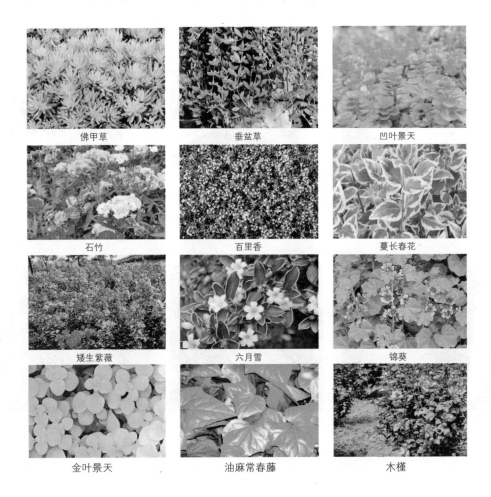

佛甲草	垂盆草	凹叶景天
石竹	百里香	蔓长春花
矮生紫薇	六月雪	锦葵
金叶景天	油麻常春藤	木槿

2）满足屋顶荷载要求

海绵城市屋顶设计按照屋顶荷载强度可分为三大类：

开敞型绿色屋顶（屋顶承重较低）、密集型绿色屋顶（屋顶承重强）及坡屋顶雨水收集（不能承重）。

建筑屋顶承重满足屋顶花园多层结构重量的恒荷载，也要考虑居民活动和雨期土壤吸水等活荷载。土壤层选用轻质配方土，减少建筑屋顶负荷，同时具有一定保水能力，为屋顶植物生长创造良好环境。在排水层建筑楼板之间，做好防水层，满足 25 年防水年限。若绿色屋顶建造在大于 15° 坡屋顶上，应考虑大风天气的滑落移动，对其进行土层加固处理。

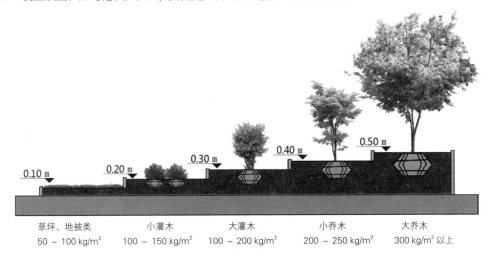

| 草坪、地被类 | 小灌木 | 大灌木 | 小乔木 | 大乔木 |
| 50 ～ 100 kg/m² | 100 ～ 150 kg/m² | 100 ～ 200 kg/m² | 200 ～ 250 kg/m² | 300 kg/m² 以上 |

土层厚度决定种植植被类型，草坪所需土层厚度 10 ～ 20 cm，小灌木需 30 cm，大灌木需要 50 cm，乔木需要 80 cm 以上。土层厚度不能小于 10 cm，土层太薄，缺乏保水能力，难以维护。

应对坡度较大的绿色屋顶，植被土壤容易滑落，应进行加固处理

3）结构分层

绿色屋顶结构：

植被层：选用低矮耐贫瘠的植被，保证植物在屋顶环境良好生长，能够减少维护产生的费用。考虑屋顶抗风性，避免冠幅较大引起的风力破坏。

土壤层：选用轻质透水性好的配比土壤，在雨洪来临时能快速下渗、净化雨水。同时土壤配比中要有一定保水性和基肥。

过滤层：过滤泥沙作用，使干净的水进入排水层。

排水垫：通过坡度处理快速收集、传送屋顶雨水至雨水管渠，并输送到雨水桶。排水垫要求有良好的承重抗压属性。

防根系穿透层：植被土壤下应设置防根系穿透层，阻止植物根系向下生长破坏防水层，保证建筑不漏水。

防水层：保证建筑本体不被雨水侵蚀，对建筑屋顶起保护作用。

绿色屋顶结构

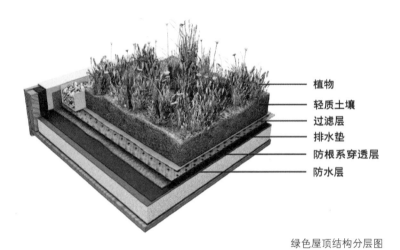

植物
轻质土壤
过滤层
排水垫
防根系穿透层
防水层

绿色屋顶结构分层图

4）土壤配比

含沙量较高的配比土壤，及时下渗及净化雨水，且有一定保水保肥能力

5）坡度排水

合理的坡度设计有利于屋顶花园的排水与收集，一般小于 15%

2. 绿色屋顶效益分析

（1）绿色屋顶的雨水收集系统可以降低城市内涝产生的概率，减少城市内涝损失费用。雨水收集回用可以节省浇灌、景观用水等水费，持续地产生经济价值。

（2）增加建筑多层保护，减缓建筑老化速度，节省屋顶维护产生的费用。降低建筑内部温度，减缓城市热岛效应，节约建筑空调电费。

（3）增加生物多样空间，营造动植物栖息空间。丰富城市物种多样性，构建城市生态平衡。

（4）绿色屋顶开发闲置区域，多功能利用场地，产生宜居美观空间，提高城市绿化率，增加建筑附属价值。

3. 绿色屋顶的建造注意事项

（1）海绵城市中绿色屋顶的建造首先要考虑屋顶承重问题，根据建筑承重结构确定是承重较低的开敞型绿色屋顶，还是承重较高的密集型绿色屋顶。在有较大坡度的屋顶或者承重不能满足绿色屋顶建造时，则需要考虑屋顶雨水收集系统。

（2）开敞型绿色屋顶承重低于 150 kg/m²，密集型绿色屋顶承重达到 150 kg/m² 以上。种植大型乔木或堆坡时，应放置在建筑结构的承重梁上。

（3）绿色屋顶建造中，储水箱大小应根据屋顶面积，并结合当地降雨量来确定体积。绿色屋顶可以不用考虑雨水弃流，收集的雨水经过植物、土壤净化可以达到干净使用程度。坡屋顶因其大面积裸露，要考虑初期雨水弃流，避免屋顶杂物、树叶、灰尘等污染水箱。

（4）蓄水池为地下封闭的简易雨水集蓄利用设施，可选用塑料、玻璃钢或金属等储水模块，避免蓄水设备建设在车辆人行的区域，防止承重不足引起塌陷破坏。

（5）建筑周边的出水口，因其重力势能导致对地面冲击，所以在出水口要设置卵石缓冲区，减缓雨水对地面的冲击，并设立植草沟或雨水管将雨水输送到更大的海绵城市设施内下渗。

（6）屋顶花园各面积比例，尽量保证公共设施交互空间占百分之十以上，植被组合面积占百分之六十以上。

4. 绿色屋顶的后期管理维护

（1）储水箱雨水储存时限为 7 ~ 20 天，应及时浇灌利用，防止雨水箱内水质变坏影响使用。

（2）储水箱应设置检修口，保证检查维护。同时密封隔绝，防止蚊虫滋生。确保安全，避免儿童接触。

（3）在更改楼顶水电设备时，不能破坏屋顶的防水层。

（4）屋顶花园的植物一般不需要修剪，要经常清理雨水灌渠的入水口，不要堆积过多杂物，以免堵塞雨水入水口。

坡屋顶的雨落管雨水收集

开敞型绿色屋顶空间

密集型绿色屋顶景观效果

2.6 优秀案例
——JOY GARDEN 屋顶实验花园

项目位置：中国，上海市赤峰路　　项目规模：150 m²

设计团队：同济大学 IUG 都市绿创研究小组；上海尤德建筑规划设计咨询有限公司

设计师：董楠楠、任震等

2016 年 3 月至 9 月，经过几个月的反复设计与现场安装，我们在同济大学校内一栋只有 150 m² 规模的小建筑屋顶进行了实验性屋顶花园改造尝试。

改造前现状：屋顶花园位于同济大学南校区，底层为办公区和餐饮区，屋顶面积 150 m²，形状为不规则的长方形，南侧为屋顶花园入口楼梯间，其他三侧为女儿墙。女儿墙高度为 900mm 且折角较多，现状颜色为白色，与背景建筑区分较弱。像大多数平屋顶一样，其屋顶未作其他处理，雨水在第一时间排出屋顶进入市政官网，对雨水径流未起到缓解作用。

思考及前期准备：现状屋顶场地仅有 150 m²，空间一目了然，整体建筑因历史原因无法获知屋顶顶板结构荷载。在前期准备阶段，通过试验对楼面混凝土的抗压强度进行重新测定，同时再次铺设防水层，进行了 72 小时闭水试验以及更改排水口位置等一系列前期改造。

设计过程：考虑到绿色校园的设计初衷，打造花园式屋顶花园，同时为了满足空间和功能的需求，设计采用设计构架的形式对屋顶花园进行分割。通过对荷载的测算，我们计算出屋顶承重范围，以此为依据对方案进行深化，包括构架的材料选择，覆土厚度的确定，轻质土壤的选择，底部构造等，最终形成了实施方案。

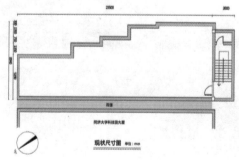

现状尺寸图　　　　　　　　　　　　　　　入口门牌

花园入口大门由木制衣架拼接构成

　　屋顶花园的空间界面通过参数化设计生成三维曲线并详细推敲了尺度与轮廓，最终设计出199片不同的木构架基本单元，实现了具有座位、围栏、吊挂点等多个区域的全新空间。构架的设计成功地对原有空间进行了分割，结合构架形状和特点将屋顶花园分成了不同的功能区块。

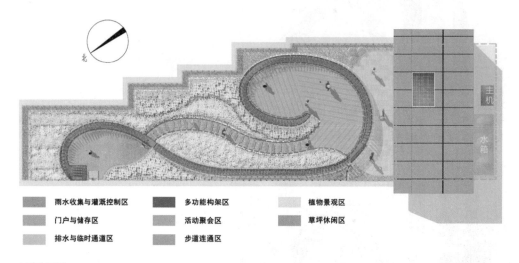

图例	分区
雨水收集与灌溉控制区	多功能构架区

植物景观区
门户与储存区　活动聚会区　草坪休闲区
排水与临时通道区　步道连通区

功能分区图

全景鸟瞰图

轻质木架构实现了对不同空间的划分

花团锦簇的小道

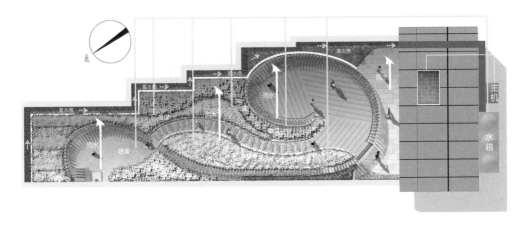

循环系统示意图

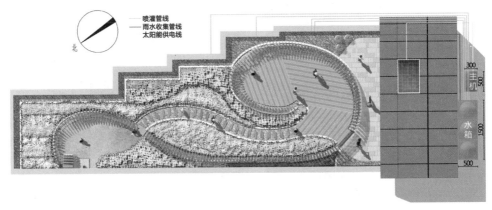

雨水管线系统分布图

收集雨水，自动浇灌：本项目雨水收集系统以"无人工作站"模式运行，并通过太阳能光伏板为系统提供电能，物联智能系统对雨水量和喷灌量进行精确计算，实现了太阳能光伏发电、屋面雨水收集与净化、屋顶绿化自动浇灌一体的集成功能。其中雨水储存箱高 1 m，宽 0.5 m，长 3 m，可储存雨水 1.5 m³。

太阳能雨水收集

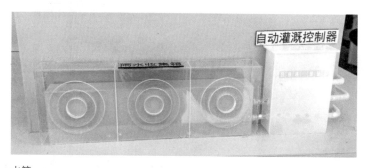

水箱

水箱侧面图

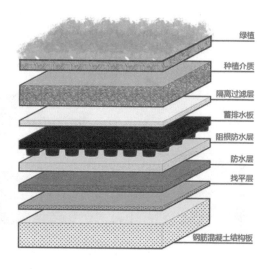

屋顶构造层示意图

多样的植物配置 轻质木架构

轻质木构架夜景

2.7 优秀案例
——大道（54 广场和宾夕法尼亚大道）

项目地点：美国，华盛顿 景观设计：SASAKI

项目面积：6 690 m² 完成时间：2015 年

大道是一个充满动感富于变化的混合功能开发区，位于 4 座建筑之间。底层为 5 层停车场。场地实施创新性的雨洪管理系统，收集场地内所有雨水径流，雨水通过建筑的绿色屋顶初步过滤，沿着雨水管道流入场地内部过滤设施，最后流入位于地下车库 29 m³ 的蓄水池内。收集的水体用于场地植物灌溉和水景水体补充，同时以水生植物进行补充性过滤净化，雨水被不断循环利用。

场地内部的绿色屋顶和庭院雨水花园形成独特的微气候，降低区域热岛效应，增加生物多样性。绿色屋顶能最大限度减少区块地表径流，让多余雨水进入雨水花园和地下蓄水池，降低城市排水管网的压力和地块内涝的风险。

大道海绵景观俯视

收集净化的雨水形成水景

车库顶板上的海绵设施结构轴测图

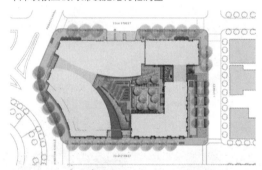

大道景观平面图

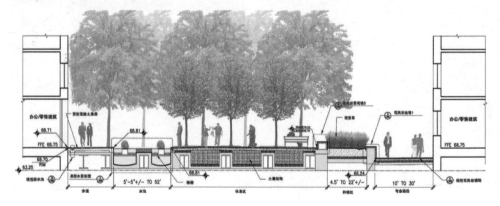

海绵设施剖面细节图

雨水收集池与植物景观

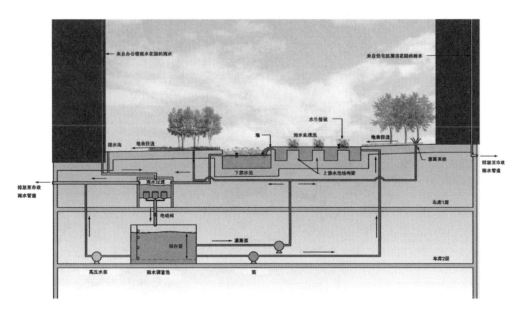

大道雨水循环流程图解，收集屋顶、硬质铺装径流储存后循环利用

道路与水池的景观实景

景观水池细部

大道景观整体效果

街道与两侧下凹绿地空间关系

第3章

城市道路

　　城镇化之前，农田、绿地、水塘、雨水渠等自然蓄水面渗透、滞留雨水力很强，但由于我国城市化进程较快，城市面积迅速扩张，城市不透水面积增加，80%～90%的降雨无法下渗，成为地表径流，这些雨水都依靠城市雨水管网排出，外排压力过大。一旦发生强降雨，路面极易积水，从而降低车辆运行能力，甚至使车辆在路面滑移，对交通安全极为不利，同时路面长时间积水会浸润路基，降低路基土的强度，甚至造成路基整体破坏。

　　为减轻强降雨对城市管道的压力，可以利用海绵城市技术手段通过生物滞留池、道路渗井来缓解管网压力，并通过这些设施来收集、过滤、下渗雨水。而有些由特殊土壤做地基的道路，可以根据土壤渗透率设置地下蓄水池来收集雨水；另外，对于一些立体交通道路，比如高架立交桥，建议先进行初期雨水弃流及污染物拦截，再将雨水传输到桥下的雨水蓄水池浇灌绿地。海绵城市策略可以缓解道路积水问题、保障交通安全、增加绿化面积以及吸收路面污染物。

3.1 城市道路雨水问题

目前，我国正处在城市化快速发展的关键时期，城市不透水面积急剧增加。城市道路作为城市主要不透水下垫面之一，占建设用地的比例超过了30%。与此同时，传统管道排水方式导致道路排涝压力大、路面污染严重等突出问题，难以满足现代城市建设对生态环境的需求。城市道路运用海绵城市设计策略，在收集利用道路雨水径流、污染排放等方面可产生巨大的经济、生态和美学效益。

当发生强降雨时，大量雨水迅速在路面形成径流，通过市政管网排入附近自然水体，在这过程中一旦遇到市政管网堵塞、排水不畅或者管网系统负荷超载时就会产生城市局部内涝。

除此之外，雨水由于在降落、汇集过程中，溶解冲刷了城市地表的大量污染物，致使道路雨水径流成为城市水体最大的面源污染源之一。

城市路面积水问题

城市道路污染问题

路面积水导致交通安全隐患

3.2 道路整改策略

道路中央绿化带

雨水花园

生物滞留池

城市道路不透水面积达到75%以上，面对相同强度降雨，55%形成地表径流，只有15%下渗，导致道路积水

传统道路绿化不能有效收水，雨水径流会排到路面产生污染

一旦暴雨来临，道路丧失对雨水径流的收集与管理能力

道路约占据城市建成面积的30%

改造前

城市道路改造前

增加城市道路透水面积，面对强降雨，减少地表径流，增加下渗面积，促使道路消化排放地表雨水径流。

改造后

城市道路海绵城市改造措施

1—生态树池；2—生物滞留池；3—道路中央绿化带；4—透水路面

美国费城绿色街道项目综合运用生物滞留池、透水路面等海绵设施来缓解原先道路积水问题，保障道路行驶安全。

美国费城街道改造前

美国费城街道海绵城市改造措施

1—树池；2—生物滞留池；3—透水路面

3.3 城市道路雨水系统流程图

以下流程图展示了城市道路径流雨水应通过有组织的汇流与传输，经截污等预处理后引入道路绿地内，并通过以雨水渗透、储存、调节为主要功能的海绵城市设施进行处理。

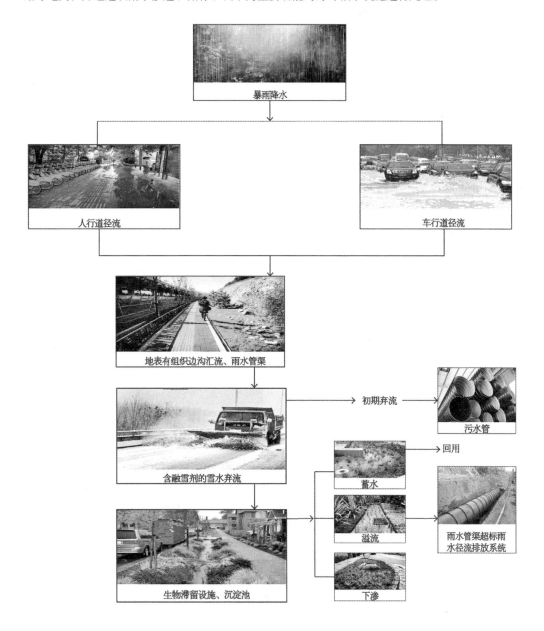

3.4 生态树池

1. 生态树池结构

树池的标高一般比路面低一些，用以收集、初步过滤雨水径流。就行道树而言，一系列连贯的树池可以被设计成潜在的收水装置，最大限度地发挥收集、过滤雨水径流的作用。

1）海绵城市生态树池注意事项

生态树池做法虽然简单，但是要注意考虑树木根系和土壤渗透性的问题。若是要符合下渗的要求，土壤的沙石比例需要增加，这样含沙量大的土壤可能不利于国内大多数行道树的生长；反之，如果下渗不及时也会造成树池根部积水，也会影响根系，所以对土壤有一定的要求。

生态树池应首先考虑其排水性

典型生态树池结构

2）土壤因素

配方土可以利用城市中废弃的枯枝落叶加工成的肥料。土壤覆盖薄薄的一层后，有机物被分解渗透到土壤中去，使土壤形成良好的生态系统，变得十分疏松，像真正的海绵一样，能够很好地起到蓄水的功能，同时增加保水性，遇到城市暴雨天气也能够让雨水无障碍地渗透到土壤中去，典型的城市如洛杉矶。

表面添加有机覆盖物的渗透型土壤

3）生态树池优点

生态树池作为海绵城市收集路面雨水的设施，可在一定程度上缓解道路积水问题，并且具有丰富城市路面绿化、增加城市生物多样性的作用。

一棵 50 年树龄的行道树产生氧气的价值约 3.12 万美元；吸收有毒气体、防止大气污染价值约 6.25 万美元；增加土壤肥力价值约 3.12 万美元；涵养水源价值 3.75 万美元；为鸟类及其他动物提供繁衍场所价值 3.125 万美元。

2. 生态树池参考样式

暴雨下的生态树池结合道路排水

生态树池可以根据场地性质设计成多种风格

生态树池可巧妙地结合景观设计，形成怡人的景致

3.5 生物滞留池

1. 生物滞留池结构

生物滞留池是一种窄的、线性的、配置丰富景观植物、具有规则形状 (常为长方形或正方形) 的下凹式景观空间，具有垂直的池壁和平缓的纵向坡。

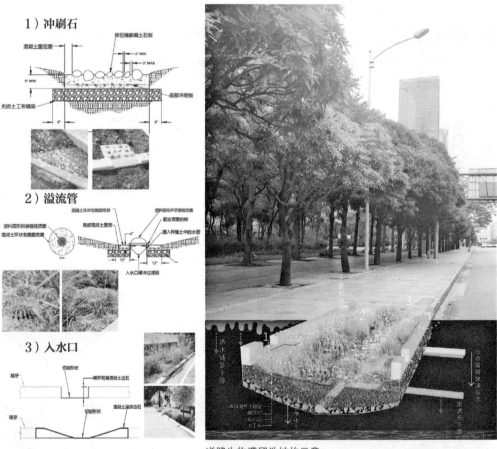

1）冲刷石

2）溢流管

3）入水口

道路生物滞留池结构示意

2. 人行道植草沟

植草沟是一种浅窄、线性延展的、配置丰富景观植物的下凹式景观空间，沟底部可以为坡底或平底具有倾斜的横向边坡和缓和的纵向坡度。在路宽度有限制的情况下，没有足够的空间做生物滞留池，可以考虑使用植草沟。

人行道植草沟运作原理

3. 生物滞留池参考样式

绿色街道基础设施连接地下管道排水

绿色街道给道路和整个社区带来自然、生态的生活环境

3.6 邻里街道尺度

1. 道路渗井

在空间极为受限的邻里街道，因为没有有利条件设置生物滞留设施，通常采用设置渗井的方式来实现海绵城市。

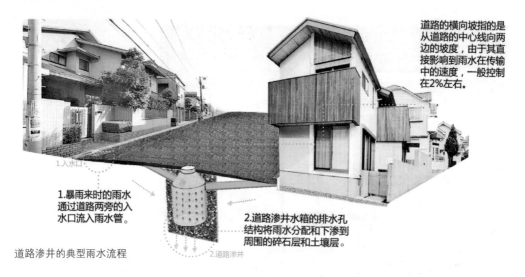

道路的横向坡指的是从道路的中心线向两边的坡度，由于其直接影响到雨水在传输中的速度，一般控制在2%左右。

1.入水口

1.暴雨来时的雨水通过道路两旁的入水口流入雨水管。

2.道路渗井水箱的排水孔结构将雨水分配和下渗到周围的碎石层和土壤层。

2.道路渗井

道路渗井的典型雨水流程

1）道路渗井结构

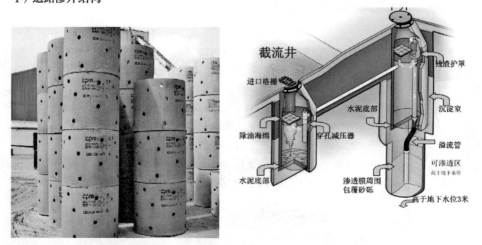

道路渗井的样式

道路渗井主要用来收集城市机动车路面上的积水，经过雨水井进入，首先需要对大颗粒污染物进行过滤，然后进行沉淀，最后流入市政排水管道或者补充地下水。

2）道路渗井参考样式

GreenPlan Philadelphia道路渗井

渗井是在缺少绿地空间的情况下设置的雨水下渗设施。

道路渗井的孔隙一般连接管道，主要作用是在暴雨时期将多余的雨水向外输送，及时排洪

2. 道路中心隔离带

因为道路横坡的限制，通常情况下的道路中心绿化带不具备排水和下渗功能。本篇道路结构中，把中心绿化带海绵化也纳入海绵城市策略的一部分。

道路中心绿化作为常见的道路绿化形式，在海绵城市建设上有很大的潜在利用价值。道路两侧的滞留池和中心绿化在本来没有联系的情况下，结合道路横坡的现状，可整合成为一个新的排水绿化生态系统，是一个可以用来应对道路积水的新策略。

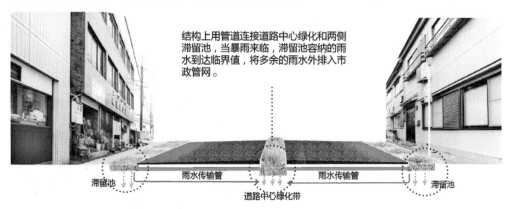

结构上用管道连接道路中心绿化和两侧滞留池，当暴雨来临，滞留池容纳的雨水到达临界值，将多余的雨水外排入市政管网。

滞留池　　雨水传输管　　　　雨水传输管　　滞留池
道路中心绿化带

3.7　立体交通

1. 立交、高架立体交通

是指在城市重要交通交汇点建立的上下分层、多方向行驶、互不相扰、供特定交通工具快速行驶的现代化陆地桥系统。

问题：

（1）现存的城市立交、高架等立体交通路面排水系统没有经过科学有序的连接，通常做法就是收集路面雨水通过管网排放，这种雨水没有经过处理，往往带有大量的污染物。

（2）传统的做法没有将排水与海绵城市设施相结合，高架下绿地没有可以暂时吸纳雨水的空间，而且排水管道往往也不够美观，影响城市整体美感。

（3）在我国北方地区的冬天，高架上的雨雪处理需要用到一些化学融雪剂，这些废水如果不经过处理直接通过管道排放到下方路面存在很大的安全隐患。

多样的城市立体交通

立体交通存在的问题

2. 立交、高架立体交通结构

（1）入水口初期弃流：高架、立交桥上的入水口需要设置初期雨水弃流装置，用来过滤高架上的雨水污染物，保证排水畅通及行车安全。

（2）入水口设计：高架雨水收集的入水口需要一定的拦截装置，一般设置在道路两边用箅子来初步过滤桥上污染物。

（3）高架下滞留池设计：在高架下方场地增加生物滞留池，建议通过皮管将水输送到各个空间进行绿地灌溉。

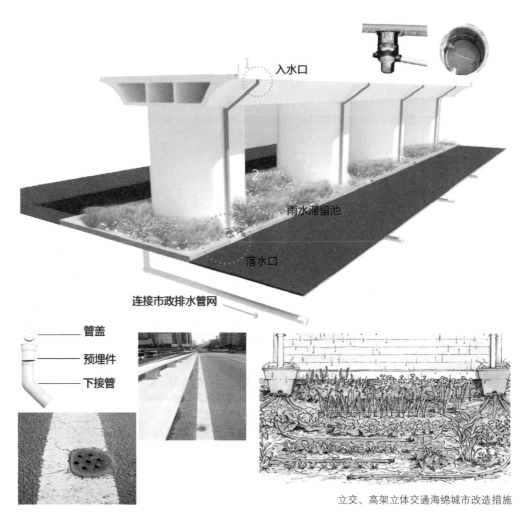

立交、高架立体交通海绵城市改造措施

（4）落水口设计：传统高架落水口一般缺乏独特设计。以下意向图片是城市高架落水口的改造设计方向，通过细节设计营造美好城市风景。

落水口设计示例

（5）立交、高架立体交通参考样式：在没有条件做下凹式绿地和埋设储水模块的地方，也可以通过雨水管道将雨水收集到桥下的蓄水箱。

储存的雨水还可以作为绿化浇灌用水，节能环保

（6）沈阳迎宾路高架排水案例：迎宾路高架桥特意设置了一个排水口，即在大桥防撞墙的花岗岩边石根部、防水层中设置了直径 25 mm 的螺旋排水管，这个排水管能够有效地排出铺装层内的积水。另外，迎宾路高架桥还将在桥面铺设补偿收缩混凝土，全力阻止雨水对桥面的腐蚀。

高架桥下的蓄水模块有效解决了大量雨水问题　　　　　　　　　　防水土工布包裹的蓄水模块

模块化蓄水箱简单易安装，可以根据场地大小和降雨量选择尺寸，后期检查和维修简单、安全

3.8 生态停车场

1. 生态停车场的优势

生态停车场是一种具备环保、低碳功能的停车场，具有高绿化、高承载的特点，同时使用年限也长于传统停车场。生态停车场可与生物滞留池及植草沟结合设计。

城市停车场改造前

城市停车场海绵城市改造措施

2. 生态停车场参考样式

生物滞留池植物不仅可以消纳过量的雨水，还可以吸收停车场汽车排放的尾气，净化空气

生态停车场铺设植草砖，可以快速下渗雨水，增加绿化面积

生物滞留池　　　　　　　　　　　　　　　生态停车场效果

3.9 透水铺装

由于道路荷载问题，不建议在车速高于 30 km/h 的机动车道上使用海绵城市透水铺装技术。透水性铺装是指能使雨水通过，并直接渗入路基到达地下土层的人工铺筑的铺装材料，其可单独使用进行街道雨水管理，也可与其他雨水景观设施配合管理雨水。

部分透水铺装结构和适用场地如下图所示。

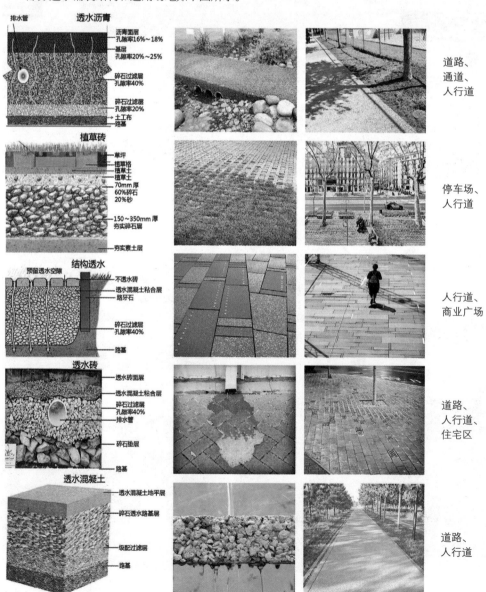

3.10 道路平面布局策略

街道的纵横坡度走向对街道雨水径流流向具有决定性影响,海绵设施类型的选择、设计及建造位置的确定都需要依据街道等级和本身条件来决定,从而合理安排生物滞留池、道路中央绿化等的布局方式。

街道横向排水与雨水管理景观设施规划关系示意图如下。

——→ 地表雨水径流

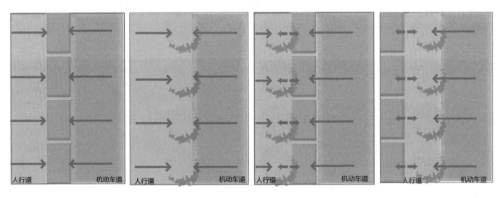

| 排水方式 1 | 排水方式 2 | 排水方式 3 | 排水方式 4 |

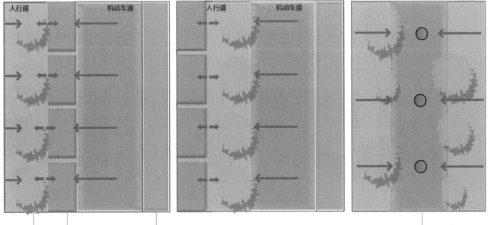

树池　生物滞留池　道路中央绿化　　　　　　　　道路渗井

道路中央绿化带也有潜在收集、传输、下渗雨水的能力,但是由于道路中央路脊的高差现状,所以中央绿化带海绵城市结构做法主要是将多余雨水通过管道结构传输到道路两侧的滞留池中进行消纳,以此形成一个系统

由于道路现状限制的原因,在没有条件的邻里街道上可以由道路渗井来实现

3.11　植物策略

　　根据道路海绵城市的特殊性，在植物选择策略方面应该选用耐水耐旱的草本和小灌木，以便起到传输功能和净化作用，以下为我国普遍适用的海绵城市植物，供参考。

| 花叶芦竹 | 黄菖蒲 | 蓝羊茅 | 狼尾草 | 千屈菜 | 细叶芒 | 鸢尾 |

黄菖蒲、香蒲、千屈菜、梭鱼草等植物可以拦截道路及沉入泥底的污染物，并消耗水中有害的有机物

　　生态树池行道树选择考虑到行道树要做生态树池，因此，需要在短时间内对大量雨水径流有一定的承受能力、根部排水能力很强的树种。

| 女贞 | 水杉 | 悬铃木 | 紫叶李 |
| 旱柳 | 白蜡 | 丝棉木 | 构树 |

3.12 小结

1. 城市道路海绵城市设施的经济效益和生态优势

（1）雨水滞留贮存区域可以降低部分道路两边绿化的灌溉经费，部分地区路面积水问题的抢修费用，以及因为路面积水带来的人行、车行事故的各项费用，保护道路安全。

（2）扩大绿化面积，增加植被覆盖，可以缓解城市热岛效应，降低城市建筑之间的温度，吸附空气中颗粒物净化空气。

（3）丰富生物多样性，为鸟类、昆虫营造更多栖息空间，为人们创造更友好的生活环境。植物的遮阴部分也创造了更加舒适的小气候，在炎热的夏天降低路面温度。

（4）建设费用与维护费用较低（雨水滞留种植沟、雨水滞留种植池、树池、交通缓冲雨水滞留带、道路雨水收集装置）。

2. 城市道路施工注意事项

（1）对于污染严重的汇水区应对径流雨水进行预处理，去除大颗粒污染物，减缓流速；进水口应设置防冲刷设施。

（2）雨水滞留区的溢流口设施顶部一般应低于汇水面 100 mm。

（3）生物滞留设施的蓄水层深度应根据植物耐淹性能和土壤渗透性能来决定，一般为 200 ~ 300 mm，并应设 100 mm 厚的滞流缓冲层。

（4）换土层底部一般设置透水土工布隔离层，也可采用厚度不小于 100 mm 的砂层（细沙和粗沙）代替；砾石层起到排水作用，厚度一般为 250 ~ 300 mm，可在其中底部埋置管径为 100 ~ 150 mm 的穿孔排水管，砾石应洗净且粒径不小于穿孔管的开孔孔径。

（5）地下水位与岩石层较高、土壤渗透性能差、地形较陡的地区，应采取必要的换土、防渗、设置阶梯等措施避免次生灾害的发生和增加建设维护费用。

（6）高架雨水收集应该适当考虑初期雨水弃流设施。

（7）及时进行设施维护（透水铺装，生物滞留池，下沉绿地，植草沟，植被缓冲带，雨水罐）。

3. 城市道路海绵城市后期维护

道路部分的海绵城市设计本身不需要高强度的维护，但是有两项工程准备是必须的。第一，在初期清除杂草，一旦一个完整的植被覆盖长成，一年一次的杂草清除便可逐渐减少；第二，建议在冬天结束春天开始时修剪死去的干燥茎干，此时干燥的茎干可以直接打碎，作为土地的覆盖物。同时，为了保证植物的成活，对刚刚栽种的植物进行灌溉是必须的，但是在成熟稳定之后，植物生长所需要的水则大多来自海绵城市的有机调动。

道路生物滞留池

生态停车场效果

雨水花园效果

地下蓄水模块施工

3.13　优秀案例
——西安西咸新区海绵城市道路案例

景观设计：GVL 怡境国际设计集团

结合人性尺度的海绵城市做法，将人们的生活、运动、休憩结合在道路两旁的生物滞留池和生态树池之中，创造宜人的生态道路环境。

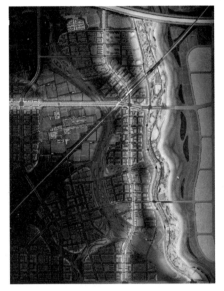

总平面

海绵城市系统平面

科技路标准段平面

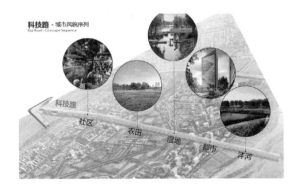

西安西咸新区的道路系统是按照海绵城市的规范做法，并同时虑到西安地区湿陷性土地问题从而设计出的针对西安地区道路的雨水管理系统。通过道路雨水下渗、净化收集至雨水箱，用于市政浇灌，或将道路雨水收集至旁边沣河梯级净化，然后排放

西安西咸新区道路运用海绵城市道路系统，通过道路两侧生物滞留池将雨水输送到地下过滤池和蓄水模块，将干净的雨水储存，多余雨水则通过市政排水管道排走。

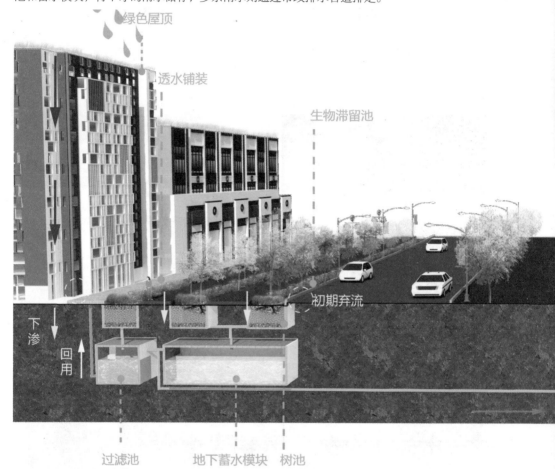

特色海绵城市道路的景观效果

具有独立慢行系统的海绵城市道路

　　西咸新区地区的土地多以湿陷性黄土为主，如果雨水正常下渗，可能会导致路基受损，因此西咸新区道路通过分段设置雨水箱来对雨水进行统一收集利用，减少雨水下渗对路基的损坏。

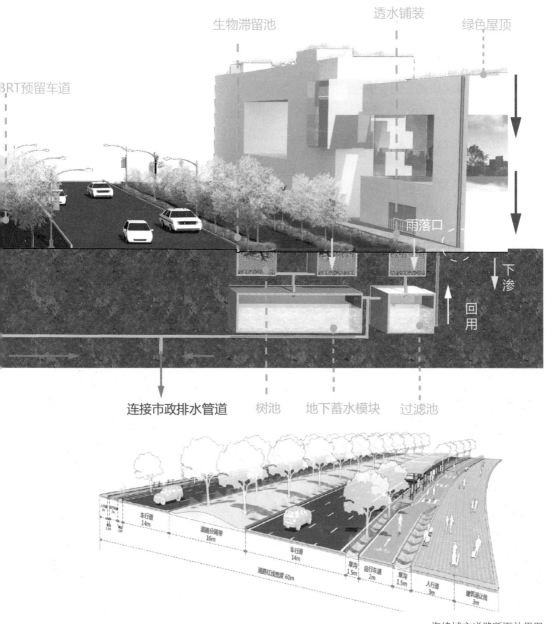

海绵城市道路断面效果图

3.14　优秀案例
——小石城主街景观改造

项目地点：美国，阿肯色州小石城

景观设计：University of Arkansas Community Design Center

项目面积：82 777 m²

小石城主街改造通过商业向艺术工作上的功能属性转变，为文化活动提供创作和展示空间。街道面向不同年龄和从事不同工作的使用者，成功设计出人行、自行车、汽车和公共交通综合的系统，同时把商业空间与私人空间共享组合，形成完整的街道空间。

运用美国低影响开发（Low Impact Development，简称 LID）技术进行街道景观设计，绿树成荫的大道与共享式街道景观相结合，融入 17 个海绵设施组成 LID 海绵系统，包括大气调节、雨洪干预调节、径流控制、固体悬浮物控制、雨水循环、层级净化和生物滞留池等处理方式。林荫大道像一个大型雨水过滤装置，设有雨水渗透、净化和浇灌回用，并在雨水径流排放前，处理雨水流量和污染问题。

主街道俯视效果图

海绵城市街道的生物滞留池和透水路面一期建造

海绵城市设计图解

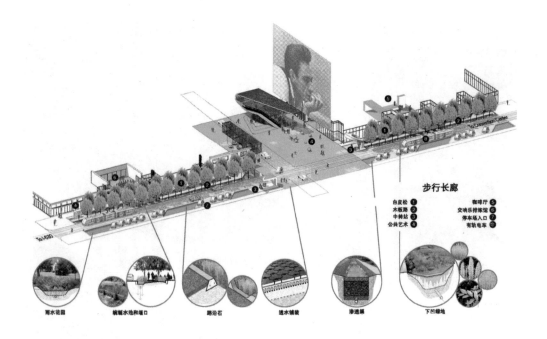

步行长廊

白皮松 ① 咖啡厅 ⑤
木板路 ② 交响乐排练馆 ⑥
中转站 ③ 停车场入口 ⑦
公共艺术 ④ 有轨电车 ⑧

雨水花园   蝙蝠水池和堰口   路沿石   透水铺装   渗透渠   下凹绿地

海绵设施分布图

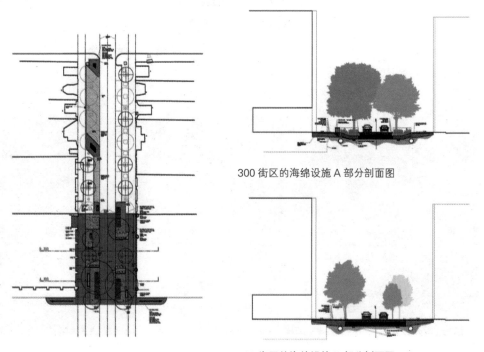

300 街区海绵设施平面图

300 街区的海绵设施 A 部分剖面图

300 街区的海绵设施 B 部分剖面图

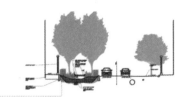

生物滞留池的路沿石开口和防冲刷卵石

500 街区的海绵设施 A 部分剖面图

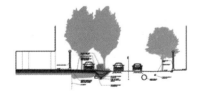

500 街区的海绵设施 B 部分剖面图

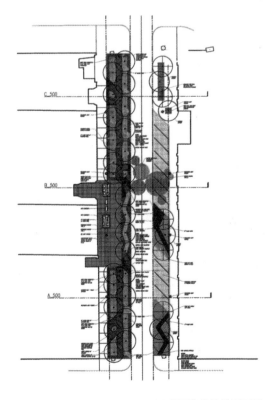

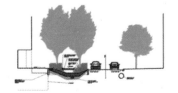

500 街区的海绵设施 C 部分剖面图

500 街区海绵设施平面图

海绵城市设计图解

降雨期间海绵街道的雨水收集效果图

街道活动空间效果图

生物滞留池底部卵石层排水结构

架空的透水铺装步道实景

第4章

▶城市公园绿地◀

　　城市公园绿地是城市中的天然海绵体，本身就拥有一定的雨水收集和消纳的能力。目前国内公园设计中处理雨水的普遍作法是外排进市政雨水管道，没有有效利用雨水资源。景观设计中把抬升绿地形成景观作为主要的景观特点，导致公园绿地不能有效地处理周边雨水径流，雨洪时期公园被淹的现象经常发生。雨水冲刷地表产生的污染流进公园周边道路和广场，既影响城市公共区域的正常使用，又是对公园绿地潜在调节雨洪能力的浪费。

　　本章研究城市公园绿地的海绵设施，通过组织公园绿地内部雨水径流，连接不同的海绵设施，建立公园绿地雨水连接体系。雨水径流通过道路两边的植草沟及地下雨水管进行净化下渗，然后传输到大的海绵设施中，如雨水花园、大型下凹绿地、人工湿地或部分公园水体之中。雨水花园在收集大区域雨水径流的同时，也有着较好的景观植物搭配效果，

干旱时作为景观花园，下雨时能有效收集、净化雨水径流。大型下凹绿地能应对较大强度降雨，当植草沟、雨水花园等中小海绵设施的雨水溢满时，大型下凹绿地便可消纳下渗雨水，使区块径流总量不外排。大型下凹绿地要结合地下储水模块建设，计算周边面积产生的雨水径流，结合用水需求确定储水模块容积。另外，城市中的道路和建筑周边有各种条形或不规则的斑块绿地具有和公园绿地一样的功能属性，可建立下凹的海绵设施，结合景观设计达到美观与功能结合的效果。通过公园绿地海绵设施系统收集净化并存储的水体可以作为日常的市政浇灌用水和景观用水，可极大地节约市政水费，营造可持续性景观。

　　城市公园绿地海绵设施应与景观设计相结合，赋予景观元素海绵属性，使市民能够更好地接受和使用。城市公园绿地海绵设施的植物应根据耐旱耐湿的属性筛选并搭配，结合景观设计，建造更加宜人、生态、可持续的公园。

4.1 城市公园绿地现状分析

1. 城市公园绿地现状问题

目前，我国的城市公园绿地设计中缺乏雨水收集、回用系统。当暴雨来临时，公园绿地不能对周边建筑及道路雨水进行有效消纳处理，增加城市内涝发生的概率，同时浪费了城市公园绿地大海绵的功能属性。公园绿地中的植物每天需要大量的水资源浇灌，雨水资源的外排浪费对公园的可持续产生巨大的影响。

城市公园绿地现状问题分析

公园绿地自身具备海绵属性，在规划设计中应注重雨水的收集和净化。抬升的绿地景观导致公园道路和广场下凹，雨洪时期径流冲刷的污染物堆积路面，对公园的运作和维护造成巨大影响。公园水体应在设计中考虑水体净化系统，结合亲水平台，使公园水体成为宜人的观赏及亲水空间。

公园广场雨洪期间积水，影响市民使用

公园内部道路被淹，增加公园日常维护难度

周边雨水径流冲刷进公园水体，导致水体污染

2. 城市公园绿地整改策略

把城市公园绿地中海绵设施连成系统能够有效传输和消纳雨水，在强降雨时能有条理进行处理、消化雨水径流，同时层级净化雨水径流中的污染物。在收集绿地周边区域雨水时，若植草沟不能直接引流，可以通过设计地下管道，引流至绿地公园进行雨水消纳，地下管道与海绵设施相互结合。

城市公园绿地整改策略

城市公园雨洪管理系统能够有效吸收区域周边径流，净化面源污染和水体水质。同时收集、存储雨水，日常进行公园植物浇灌，减少大量市政浇灌的费用。同时海绵设施与景观设计结合，能够打造宜人的可持续公园。

道路植草沟收集道路雨水径流，净化下渗

雨水花园既能收集一定量雨水，又能营造良好景观

下凹绿地处理大规模的雨水径流

4.2　城市公园绿地案例分析

在 Atelier Dreiseitl 公司设计的美国唐纳德雨水公园中，公园设计充分利用了地形从南到北逐渐降低的特点，收集来自周边建筑和街道的雨水径流。种植多种植物，配合坡地高度及场地土壤含水量的变化来搭配植物。收集到的雨水经过坡地植物缓冲带的层层吸收、过滤和净化，最终被释放到坡地下方的雨水花园下渗储存。

设计有坡度的下凹公园收集周边雨水径流，通过植物的层级净化，下渗、储存并回用雨水

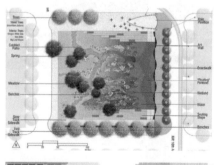

收集周边建筑屋顶街道及广场的雨水径流

公园斜坡从耐旱植被到水池的水生植物过渡变化

4.3　城市公园绿地雨水系统流程图

城市公园绿地区域雨水径流应通过有组织的汇流和传输，经过截污等预处理后，在场地内经过各项海绵设施进行雨水下渗、净化、调蓄和存储回用。在收集消纳区域雨水径流时应计算雨水超标数值，多出的雨水通过溢流口排放至市政雨水管。

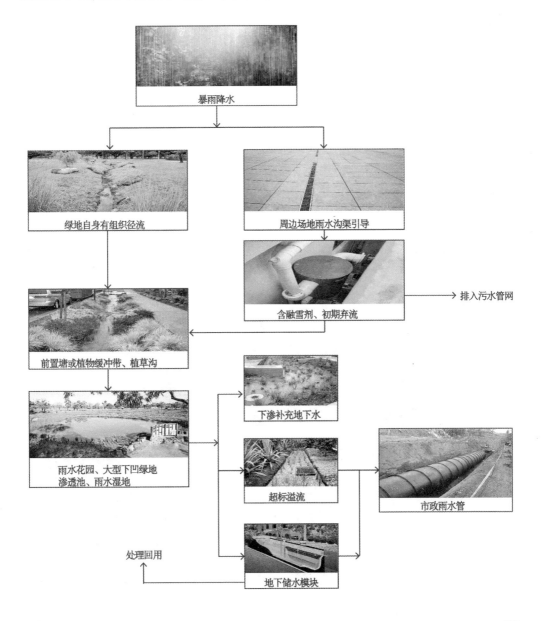

4.4 城市公园绿地海绵设施分布图

景观设计：GVL 怡境国际设计集团
项目名称：固安中央公园

流程说明：

城市公园绿地海绵设施样式参考：

植被缓冲带

雨水梯级净化

雨水花园

雨水花园

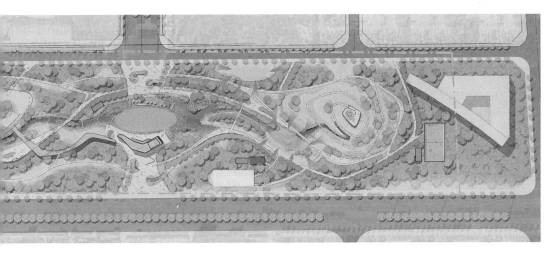

图例说明：　　🟢 雨水花园　　　🟢 人工湿地　　　🟢 生态水泡

　　　　　　　➤ 地表径流方向　　⋯⋯ 梯级绿化　　　▨ 生态停车场

　　　　　　　▥ 植被过滤带　　　▨ 透水铺装　　　■ 地下储水箱

　　　　　　　— 运动场雨水沟　　▨ 生态滞留区

生态停车场

人工湿地

道路植草沟

4.5 海绵设施结构类型

1. 城市公园道路

1）问题与解决策略

公园道路改造前

公园道路海绵城市改造措施

2）实际案例展示

道路植草沟种植多种植物，搭配景观效果

大面积汇水区植草沟入口，设置卵石区，防止草沟被冲刷破坏

植草沟附近没有大型下凹绿地进行雨水传输时，设置溢流口放至市政管道

植草沟连接作用：收集道路及周边区域雨水径流，通过植草沟下渗净化，过量的雨水传输到雨水花园、滞留池等大、中型下凹绿地内调节下渗。

植草沟设计数据：低于路面 100 ~ 200 mm，植草沟土壤应用改良的混合土壤，满足雨水下渗属性，下层为 100 mm 厚细沙层，最底层为 150 ~ 250 mm 厚碎石层，内部放置多孔 PVC 雨水管，连接周边大型海绵设施。

2. 雨水花园

1）问题与解决策略

改造前

抬升的绿地缺乏景观效果,
雨洪时期不能收集雨水,
公园雨期内涝严重。

雨洪时期下凹道路被淹,
影响功能使用。

雨水冲刷泥土中垃圾,
汇聚路面,污染环境。

公园绿地改造前

改造后

下凹雨水花园能够有效收集周边
雨水径流,避免雨洪内涝危害。
同时雨水花园的景观效果能够满
足市民观赏效果。

公园绿地海绵城市改造措施

2）实际案例展示

雨水花园植物要具备耐旱、耐贫瘠、耐涝的属性，并以多种植被种类搭配组合以形成良好的景观效果

收集周边雨水径流，使雨水快速下渗

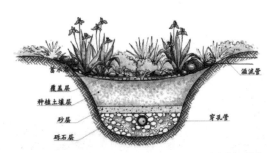

雨水花园结构

雨水花园中间设置卵石区，防止雨水冲刷

小型雨水花园

3. 大型下凹绿地

1）问题与解决策略

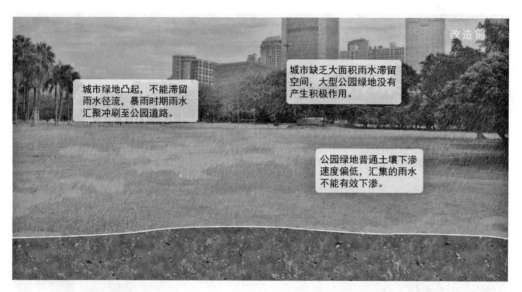

公园大型下凹式绿地改造前

公园大型下凹式绿地海绵城市改造措施（无雨时）

小雨时，大型下凹绿地收集周边雨水径流，通过植草沟，雨水花园或雨水管渠输送到下凹绿地中。由下凹绿地最低点海绵设施净化并收集存储回用。

公园大型下凹式绿地海绵城市改造措施（小雨时）

大雨时，大型下凹绿地能够大量收集周边建筑、道路和广场等雨水径流，统一调蓄下渗。当下凹绿地水量超过标准时，会通过溢流管排放至市政管道。

公园大型下凹式绿地海绵城市改造措施（大雨时）

2) 实际案例展示

晴朗时，公园下凹绿地成为市民活动绿地，是休闲开阔的公共场所

小雨时，公园下凹绿地收集周边雨水径流，将其净化下渗

大雨时，公园下凹绿地收集处理周边建筑、广场和道路的大量雨水径流，调蓄雨水，降低城市内涝风险

大型下凹绿地调蓄周边区域雨水径流

干旱时形成绿地活动空间

4. 地下水箱及地下储水模块

地下储水箱设置应首先考虑场地地表径流，合理规划回用数值，结合造价选择不同的地下储水箱。其中地下储水模块易于安装，模块化拼接可以随意控制大小，随着材料的进步，其质量和承重均大大提高；地下雨水桶设计精密合理，易于清洗维护，造价偏高；地下蓄水池造价低，维护不方便。

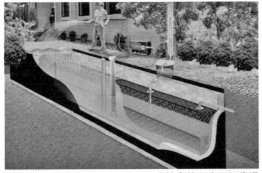
地下雨水箱存储雨水回用浇灌

地下储水模块用防水土工布包裹，安装简单方便

地下储水箱成品安装，易于维护

地下储水箱质量好，造价偏高

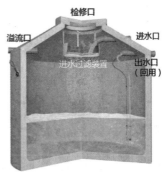
地下储水结构

地下蓄水池造价低，维护和清理较麻烦

隔水土工布包裹，保护设备，延长使用寿命

5. 斑块绿地

1）问题与解决策略

城市斑块绿地改造前

城市斑块绿地海绵城市改造措施（添加雨水收集设施）

2）实际案例展示

多种城市斑块绿地，分布在建筑周边与道路交界处　　能有效收集周边建筑、广场雨水径流

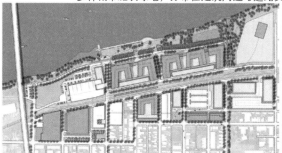

城市斑块绿地分布：

城市斑块绿地多分布在建筑周边、道路周边等不规则地块。把斑块绿地设计成下凹绿地形式，结合景观设计，形成多区域，平均分布在城市内部，达到雨洪控制的最佳效果。

城市斑块绿地设计数据：

低于路面 200 ~ 400 mm，斑块绿地最低点可设置混合土壤增加渗透率，也可以直接用沙土增加斑块绿地渗透，考虑到雨水径流冲刷和美观效果，可在最低点铺设卵石。海绵设施下层为 100 mm 厚细沙层，最底层为 150 ~ 250 mm 厚碎石层，内部放置多孔 PVC 雨水管，输送至地下蓄水设施中。

斑块绿地最低点放置石块，避免径流冲刷带来的场地破坏

4.6 植物策略

1. 乔木

乔木应选取当地品种。在海绵设施区域种植时，应选用冠幅小、不会遮盖生物滞留池、耐旱且耐湿的乔木，以应对收集雨水时被淹状况。

棕榈树　　　　　椰榆　　　　　旱柳　　　　　白蜡　　　　　楝树

2. 灌木与地被植物

灌木与地被植物选择耐水淹、根系发达易排水，有一定抗干旱能力的品种。因海绵设施低维护的特性，要求灌木与地被植物具有耐贫瘠的属性，同时具有良好的景观效果。

连翘　　　　　　栀子　　　　　　矮紫薇

鸢尾　　　千屈菜　　　花叶芦竹　　　菖蒲　　　细叶芒

植物组合效果　　　　　　搭配卵石形成流线

3．组合形式案例

多彩植物搭配

海绵设施乔木控制冠幅

冠幅小的乔木搭配生物滞留池

选用耐贫瘠植物品种

生物滞留池隐藏效果

4.7　小结

1. 城市公园绿地海绵设施的效益分析

（1）公园海绵设施可以降低城市雨洪带来的道路、广场内涝损失费用，部分地区的路面积水抢修费用，减少因为路面积水带来的人行、骑行安全隐患。同时收集存储的雨水，可以回用浇灌公园绿地，减少市政浇灌费用。

（2）增加雨水净化面积和流程，避免城市水资源污染，节约市政污水处理费用，同时补充城市地下水，防止地下水超采和天坑现象发生。维护城市水空间的平衡。

（3）增加生物多样性，营造动植物栖息空间。丰富城市物种多样性，构建城市生态平衡。

（4）维护费用较低，能持续产生可利用水资源。

2. 城市公园绿地的海绵设施建造注意事项

（1）城市公园绿地应优先考虑收集区域周边径流，通过管道、植草沟等方式传输雨水，降低城市雨洪时期内涝发生的影响。

（2）道路及广场透水设计应分成全透水和半透水两种类型。应对湿陷性黄土等塌陷土壤，道路和广场可设置半透水铺装，即道路基层为素土夯实，由道路碎石垫层中的雨水管道输送到附近海绵设施中。透水广场和道路应达到一年一次维护处理的频率，防止灰层颗粒堵塞路面，透水性丧失等情况。

（3）雨水花园及植草沟的蓄水层深度应根据植物耐淹性能和土壤渗透性能来决定，为200 ~ 300 mm，设置雨水溢流管道，当雨洪过大来不及下渗时，可以通过溢流管道输送到市政排水。

（4）蓄水池为地下封闭的简易雨水集蓄利用设施，可选用塑料、玻璃钢或金属等储水模块，避免蓄水设备建设在车辆人行的区域，防止荷载过高引起塌陷。

（5）雨水储水模块大小应根据周边雨水径流量来确定，具体要知道场地区域面积、径流系数和当地雨洪数据，达到设计的合理性。

（6）雨水要经过多项海绵设施净化后收集，详细请看城市绿地公园海绵城市雨水系统流程图。

（7）定期检查和维护海绵设施（透水铺装、生物滞留池、下凹绿地、植草沟、植被缓冲带、储水设施）。

3. 城市公园绿地的雨水管理及回用

（1）地下储水模块应有感应设备，实时确定储水箱的雨水容量，方便运行管理。

（2）地下储水箱尽量在离地面标高 2 m 以内，方便雨水设备的维护。

（3）在预期内雨洪来临时，应提前把储水模块的雨水排放出去，使储水模块在雨洪期间达到最大的应对能力。

公园雨水湿地效果

公园旱溪效果

下凹绿地景观效果

透水铺装结合雨水花园

4.8 优秀案例
——Fairwater Park 微型公园

项目地点：澳大利亚，悉尼　　景观设计：McGregor Coxall

项目类型：公园景观　　项目面积：170 000 m²

微型公园建立在两个大型排水系统的交汇处，运用了水敏性城市规划理念进行整体设计。通过建立野生动物的湿地环境廊道，连接两个基础水体部分。利用湿地植物的品种选择和雨水净化流程，结合水敏开发的雨洪控制系统，使公园被评为澳大利亚绿色建筑 6 星资质。

公园的海绵设计包括将原有矩形混凝土岸线转化为自然的弯曲河道，岸线周边设置湿地植物净化道路雨水径流，运用岸线再生技术恢复水体质量，同时将建筑屋顶收集的雨水回用到厕所、洗衣房和灌溉。下凹绿地分布在道路及广场两侧，收集净化雨水径流排入公园水体。空间设计上更加注重亲水和流线，结合当地独有的植物系统组合成多变的空间。

公园水体景观

公园步道与两边绿地高差关系

公园景观规划平面图

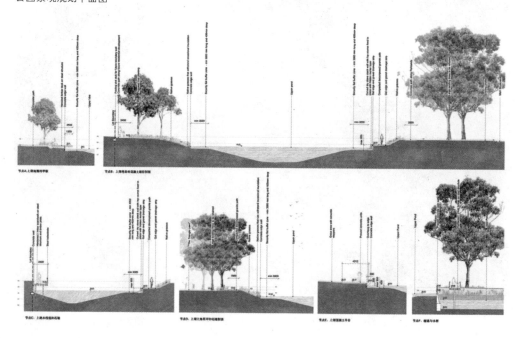

公园岸线技术细节详图

湿地植物净化与坡屋顶雨水收集

野生动物湿地廊道效果图

公园水体生长岸线与观景平台

水体传输开口节点

透水路面与休息节点

当地独特乔木保护下的空间界面

观景平台细节展示

4.9 优秀案例
——格思里城市绿地

项目位置：美国，俄克拉荷马州塔尔萨　　项目规模：10 000 m²　　设计公司：SWA 集团

公园的基址位置曾经是装卸码头，这里全年提供治愈和健身课程，同时也被用作艺术表演、电影放映和农贸集市的场地，现在由乔治·凯尔撒（George Kaiser）家族基金掌管并打理。

该 10 000 m² 的高效能公园拥有地源热泵系统、生物沟、可以亮化整个社区街景的 LED 照明和一个多功能的草坪。位于 1 022 m² 场馆中的光电纵列是可再生性能源的稳定供应源头。生物沟可以处理雨水径流、过滤污染物质并且能够补给地下水源。

绿地整体景观效果

道路周边的下沉式绿地

海绵城市设计图解

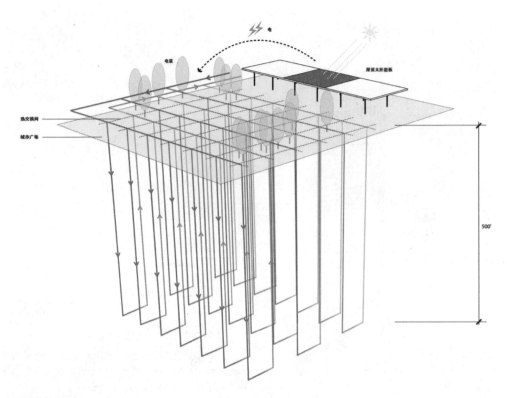

布雷迪地热网

生物滞留池与活动广场关系

雨水滞留池上的道路开口

下凹绿地的景观效果

绿地喷泉活动广场夜景

人行道找坡至旁边的下凹绿地

下凹绿地与硬质铺装的阶梯衔接

第5章
▶大面积硬质场地◀

　　随着城市化进程的快速推进，人们的生活品质在日益上升，对于生活场所的功能要求也在逐渐提高，尤其是对户外功能空间的要求愈发多样化，如可游憩锻炼的活动广场或是可休闲漫步的商业街区；同时，随着人口数量的增加，各类广场及商业街区的面积不断扩大，大面积硬质场地在城市中所占比重越来越大。城市发展迅速，我国的基础设施建设日趋成熟，但同时也带来了诸多的生态问题，尤其是大面积硬质场地层面，就传统工程而言，现存的硬质场地多为灰色基础建设，土壤经过反复夯实硬化，几乎丧失了透水能力。同时，现存硬质场地内排水设施严重缺乏，连续降雨期间，场地雨水不能及时下渗或排走，导致地面积水严重，城市内涝，并产生大量径流污染。面对如此严峻的城市灾害，海绵城市的建设至关重要。

　　大面积硬质场地分为商业街区、附带地下空间（指建有地下车库等地下空间）的广场、无地下空间广场以及地下水位过高（指地下水位与地坪距离小于或等于 2 m）的广场等，本章结合海绵城市理论，寻求最优化处理城市雨水的设计策略，即：根据场地功能及风格增设排水沟，同时增设不同尺度的生物滞留设施与排水沟一起消纳场地径流，并尽可能保证排水沟消纳的雨水径流汇入到生物滞留设施内部，与其自身承载的径流统一过滤净化，以减少径流污染；部分场地可适当增设透水铺装，增加硬质场地的雨水下渗面积；地下水位高的场地则可通过地势变化调蓄雨水。

　　本章旨在通过将海绵城市策略与景观设计相结合，使大面积硬质场地在满足其自身功能的条件下（如吸热、吸尘、降噪等生态功能），为居民提供游憩场地，并保证场地景观视觉美感，提升城市景观，达到相关规划下提出的关于海绵城市理论的控制目标与指标要求，利用生物滞留设施、透水铺装等增加场地的下渗面积及过滤层级，提升场地景观生态性能。

5.1 大面积硬质场地现状

　　现存硬质场地基本为灰色建筑，土壤经反复夯实硬化，几乎丧失透水性能。常规硬质工程雨水管理，并未对雨水有害后果做出相关回应，排放方式仅是简单地将污染问题从一个地方转移到另一个地方。根据海绵城市相关理论，城市内部大面积硬质场地在暴雨期间，应有效解决快速排水问题，减少地表径流，在一定情况下，增加净水与蓄水的功能，增加生态效益。

城市硬质场地不透水面积达到85%以上，同时场地缺乏排水设施，强降雨期间，70%形成地表径流，只有15%缓慢下渗，导致场地积水。

绿化设施无法消纳场地径流，强降雨期间，反而会增加周围场地的雨水径流量。

场地缺少排水设施，现有排水井布局疏散，排水量差，暴雨期间，传统排水管网无法抵制暴雨侵袭，造成城市内涝。

改造前

大面积硬质场地占据城市的面积　　左右

　　降雨期间大面积硬质场地产生大量径流，径流冲刷扩散地表污染的非点源污染，使得城市河流普遍存在"城市河流综合征"。

大量地表径流，引发径流污染

广场内部积水，引发城市内涝

水淹破损，引发安全隐患

根据大面积铺装现存问题，我们所探讨的场地更多的是没有大量软质元素介入的场地，在减少雨水径流的基础上，要保证场地的景观视觉美感。

考虑到大面积硬质空间的流动功能，排水设施应采用点或线的设计方式嵌入场地，其中软质排水设施包括生态树池及下凹绿地（即微型雨水花园）。

增加硬质场地排水设施及透水面积，强降雨期间，减少地表径流，增加下渗面积，促使场地消纳排放自身径流量。

改造后

1—生态树池

2—下凹绿地

3—排水沟设施

4—透水铺装

安博·戴水道设计公司设计的哥本哈根城市防洪项目，利用生物滞留设施及透水铺装最优化处理雨水，同时丰富场地景观环境及使用性；利用场地地势高差，不仅消纳净化及调蓄储存雨水，还可起到滞洪作用，避免洪涝。

街区正常使用，具有人行、骑行及车行三条交通流线；同时配合下凹式绿地设置休憩空间

街区尚可使用，下凹式绿地以及透水铺装消纳净化雨水，由于地势变化，人行道丝毫不受影响

下凹式绿地及透水铺装消纳雨水，利用地势高差，使车行道及绿化空间形成滞洪区，人们可使用两侧人行道通行

5.2 大面积硬质场地雨水系统流程图

本流程图展示了大面积硬质场地周边可设置的海绵设施，以及雨水径流能够实现的下渗排放路线。

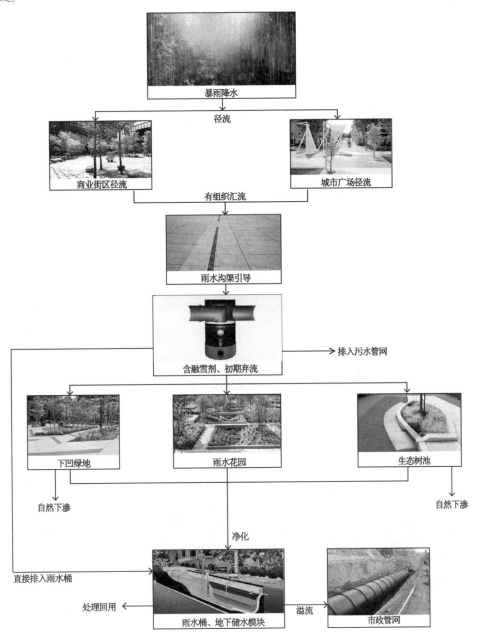

5.3 整体策略一：增加排水设施

1. 无地下空间广场

1）问题分析及解决策略

城市广场（无地下空间）改造前

城市广场（无地下空间）海绵城市改造措施（添加雨水收集设施）

2）策略分析

生态树池结构示意：（1）树池底部连续两侧开口，降雨期间，场地径流经过豁口排至树池；（2）设置初期弃流井，截流初期雨水；（3）树根外包裹土工布，防止降雨期间汇入树池的雨水径流影响树根生长；（4）雨水通过砂层及砾石层下渗、净化。

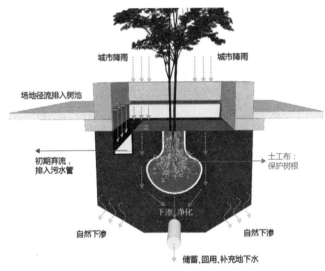

土壤策略：

（1）部分土壤改良，掺入有机客土；（2）利用树皮、木屑、落叶等覆盖树池内表层土，增加其肥力。

设计策略：

改造树池结构，将树池底部开口，作为广场的排水沟设施，道路单线找坡，使屋顶雨水、步行道雨水及车行路雨水统一通过广场底部边缘的线性排水沟，最终与广场径流一并汇入生态树池，下渗净化。

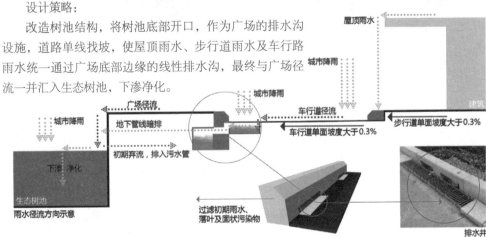

3）实际案例展示

丹麦哥本哈根 Superkilen 广场：不同形式的生态树池收集雨水径流，部分树池设置座椅，提供休憩空间

日本帝京平成大学广场：不同形式生态树池消纳地表径流，利用井箅或可降解覆盖层保护表层土壤

2. 附带地下空间广场

1）问题分析及解决策略

商业广场附带地下空间，现存场地内无排水设施，植被花坛只承接自身表面雨水，无法消纳场地径流，因此，暴雨期间，广场产生大量径流污染，同时造成场地积水现象。

城市广场（附带地下空间）改造前

线性排水与生物滞留池结合设计，收集截流广场雨水，场地径流通过线性暗井汇入生物滞留池，下渗、净化、回用。

城市广场（附带地下空间）海绵城市改造措施（添加雨水收集设施）

2）策略分析

场地通过不同尺度的生物滞留设施及线性水沟截流雨水，减少排至广场南侧人行路面的雨水径流量，并有效防止广场积水现象发生；排水沟收集雨水通过地下管线排入生物滞留设施统一进行下渗、净化、回用及溢流。

该广场主要承担流动功能，因此，利用便捷景观座椅结合生物滞留设施的方式，为行人提供短暂的休憩场地。

生物滞留设施示意

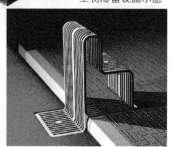

便捷景观座椅

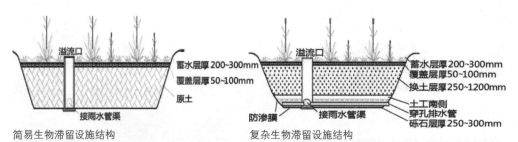

简易生物滞留设施结构   复杂生物滞留设施结构

生物滞留设施样式参考

3）实际案例展示

深圳商场地下车库，水箱及管线尽量靠近墙面或梁柱而建，节省可用空间，保证车辆行进安全

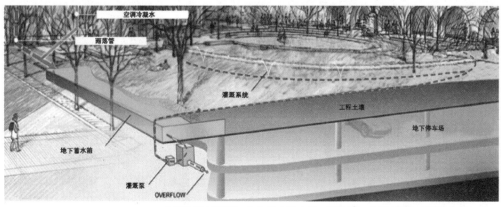

美国费城托马斯·杰斐逊大学广场，附带地下空间，不可大面积自然下渗，设置水箱对雨水进行收集及部分回用

3. 商业街区

1）问题分析及解决策略

改造前

商业街区排水设施严重缺乏，且几乎无绿化种植，屋顶及人行街道雨水全部流经车行道，产生大量径流污染，并造成车行路面积水。

商业街区改造前

改造后

部分人行街区改造为下凹式绿地，收集周边场地雨水径流统一下渗过滤，车行道雨水通过线性水沟排入下凹式绿地，快速有效减少径流。

商业街区海绵城市改造措施（添加雨水收集设施）

2）策略分析

　　场地在保证雨水最优化处理以及使用功能的基础上，利用设计元素营造景观视觉美感，丰富场地的艺术特色。

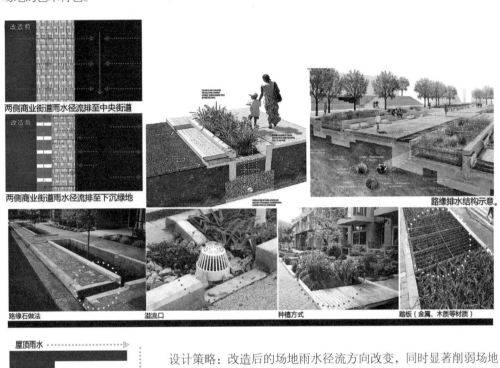

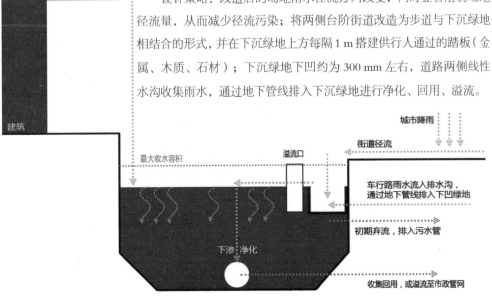

　　设计策略：改造后的场地雨水径流方向改变，同时显著削弱场地径流量，从而减少径流污染；将两侧台阶街道改造为步道与下沉绿地相结合的形式，并在下沉绿地上方每隔1 m搭建供行人通过的踏板（金属、木质、石材）；下沉绿地下凹约为300 mm左右，道路两侧线性水沟收集雨水，通过地下管线排入下沉绿地进行净化、回用、溢流。

3）实际案例展示

巴西 Pracada Liberdade 街区，下凹绿地及线性排水沟共同消纳径流，绿化设置座椅，增强驻留功能

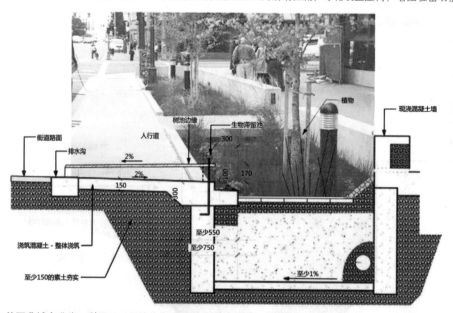

美国费城商业街，利用下凹绿地收集街道雨水径流，将景观效果、功能空间及海绵城市最优化组合

5.4　整体策略二：利用地势高差

大面积硬质场地若地下水位过高,可利用地势高差应对不同雨量,将低处场地作为临时雨水滞留池。

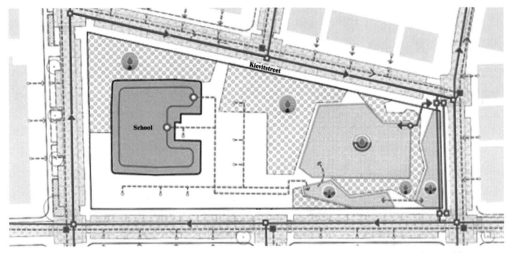

雨水径流平面分析图

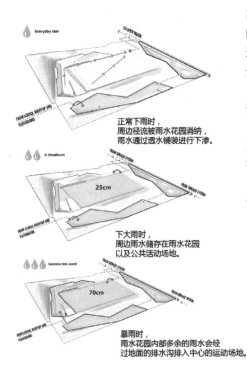

正常下雨时,
周边径流被雨水花园消纳,
雨水通过透水铺装进行下渗。

下大雨时,
周边雨水储存在雨水花园
以及公共活动场地。

暴雨时,
雨水花园内部多余的雨水会经
过地面的排水沟排入中心的运动场地。

设计策略:部分城市地下水位过高,与地坪的距离小于或等于 2 m,此类状况下,场地不宜进行快速的大面积雨水下渗,因此建议可适当利用地势变化来进行雨水调蓄,本节以荷兰 Tiel 市的蛇形水广场为例,分析如何利用地势最优化处理雨水:

(1)赋予公共开放空间雨水调蓄功能,根据雨量变化,来设计场地沉降高差。

(2)整个场地从功能出发,建设不同的活动使用空间,高低错落的运动场地,形成丰富灵活的景观视觉体验。

(3)该场地具有多重功能,不仅消纳净化及调蓄储存雨水,还可起到滞洪作用,避免洪涝。

蛇形广场总平面图

5.5 整体策略三：增加透水铺装

1. 策略解读

传统广场硬化地面设计主要关注耐久性等技术性指标，大量使用非透水性铺装，但其生态效益偏低，存在明显生态缺陷。相比非透水性铺装，透水性铺装很好地体现了"与环境共生"的理念，它在营造良好的城市声、光、热等物理及生态方面具有独特优势。因此，广场硬化地面可将透水铺装与非透水铺装结合设计，主要的结合方式分为以下三种：（1）点式结合；（2）线式结合；（3）面式结合。

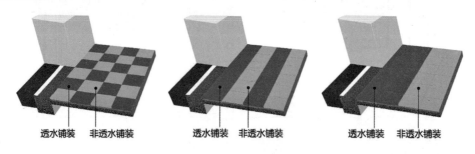

点式结合

线式结合

线式结合

面式结合

2. 结构样式

雨水通过两层混凝土和一层碎石垫层，快速下渗的同时，得到净化过滤，部分经过过滤的雨水通过 PVC 万孔管排入市政管网，部分自然下渗。

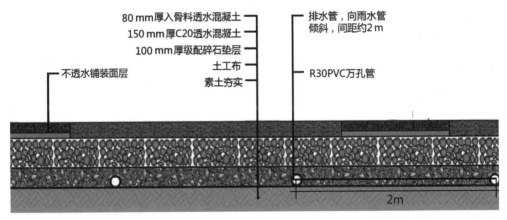

透水铺装本身为多孔隙特性，一方面存蓄在其内部的雨水可通过收集系统回收利用；另一方面，其强大的渗透力可帮助消纳周边非透水铺装产生的径流，起到截污减排的作用。

3. 透水方式

1）材料式透水

透水砖

透水混凝土

2）拼贴式透水

留缝铺装　　　　　　　　　　　　　　　　　　　留缝铺装

多种留缝组合成特殊的铺装样式

5.6 设施样式参考

1. 排水沟

明沟排水

石质井箅

线性暗沟

金属井箅

2. 生态树池

结合灯具

顺应铺装

结合井箅

结合座椅

点缀铺装

5.7 植物策略

1. 乔木

根据海绵城市理论，所用乔木需要具备耐淹、耐旱、耐贫瘠以及低维护特性，而适于城市广场与商业街道栽种的乔木还应根据其不同的使用功能选择树种：（1）作为点景的乔木需要选择枝干挺拔、冠幅小、果实少的树种，以防止遮挡行人视线或砸伤行人；（2）与树池座椅搭配的乔木需要选择高度居中，冠幅较大的树种，在行人视线不被遮挡的情况下，提供荫凉的驻留空间。

点景乔木

银叶金银花　　三叶树　　　　尖叶杜英　　　　人面子　　　　小叶榄仁

遮阴乔木

乌桕　　　　龙爪槐　　　　榔榆　　　　枫香　　　　槐树

2. 花灌木

（1）根据海绵城市理论，所用花灌木需具备耐淹、耐旱、耐贫瘠、根系发达及低维护特性，而适于城市广场与商业街道栽种的花灌木还应根据场地是否附带地下空间而选择树种：附带地下空间则尽量选择低矮、浅根性及耐贫瘠的植被；无地下空间则选择根系极其发达的树种，注重竖向层级搭配。

（2）由于北方地区四季分明，植物种类选择受限，因此，选择植被时，要注意考虑四季花相，以及观花、观枝、观叶相结合设计。

（3）商业广场尽量不要选择果实多、易落、有色的植被。

无地下空间广场

无地下空间广场

附带地下空间广场

金叶小檗　　小叶女贞　　酸草鱼　　紫穗槐　　栀子花　　矮紫薇　　红叶石楠

5.8 小结

1. 大面积硬质场地改造策略效益

（1）开放空间局部增设透水铺装，在保证场地正常使用强度的基础上，能够加快雨水的下渗率，减少地面径流污染，间接削弱城市水体的被污染现状；同时减缓暴雨期间地面积水现象，减轻城市内涝的发生。

（2）排水设施（排水沟及生物滞留设施）的增设使场地雨水快速排走下渗，平均可减少75%～80%的雨水径流量，来自屋顶及地面的雨水直接或通过排水沟汇入生物滞留设施，通过植被、砂层及砾石层等综合作用得到净化，逐渐渗入土壤，涵养补充地下水。

（3）场地绿化面积增加，有效去除径流中的悬浮颗粒、有机污染物及重金属离子等有害物质，同时适当为鸟虫提供栖息地；植被通过蒸腾作用调节开放空间的湿度及温度，改善小气候环境，以及缓解降低城市热岛效应。

（4）透水铺装及排水设施成本较低，生物滞留设施（生态树池及微型雨水花园）的管理与维护相比草坪更为容易；净化储存的雨水可回用于后期景观用水、厕所用水等城市用水，以及涵养补充地下水源。

2. 海绵城市策略技术要点

（1）降雨期间，前15～20分钟的雨水污染较重，应对其进行初期弃流，去除大颗粒污染物，减缓流速；进水口应设置防冲刷设施。

（2）生物滞留区的溢流口设施顶一般应低于汇水面100 mm。

（3）雨水花园规模较小，无特定凹深；生物滞留池规模适中，最大凹深为400 mm左右，需要溢流管口的设置。

（4）生物滞留设施不宜设在地下水位高的大面积硬质场地，距离基岩约为0.7～1.2 m。

（5）换土层底部一般设置透水土工布或厚度不小于100 mm的砂层（细沙和粗沙）定层。砾石层保证雨水快速下渗排放，粒径不小于其底部埋置管径为100～150 mm的穿孔排水管的开孔孔径。

（6）如果地下水位与岩石层较高，土壤渗透性能差，应采取必要的换土、防渗等措施避免次生灾害的发生和后期增建费用的支出。

（7）透水铺装的铺设位置应距离建筑物地基大于6 m，地下水位高的场地、填埋区域以及喀斯特地貌区域均不适宜铺设透水材质。

（8）为简化地下管线的设置及维护成本，排水沟收集的雨水最好排至周边的生物滞留设施内进行统一的下渗、过滤、回用以及溢流至市政管网。

（9）大面积硬质开放空间多用线性排水沟排水，其缝隙宽度为 10 mm 和 15 mm 两种。

3. 海绵城市策略结合景观设计

（1）商业广场的线性排水沟尽量与铺装形式相结合，其位置的设置要考虑行人的快速通行，保证不存在安全隐患，尤其是女士鞋跟与线性缝隙的契合度。

（2）部分广场可用明渠排水或是地面旱喷兼顾排水功能，丰富场地景观视觉层次。

（3）大面积硬质开放空间应根据其使用功能设置座椅的数量及位置，活动休憩广场可将座椅作为场地点景元素，契合铺装形式；流动为主的商业广场可设置便捷式景观座椅，点景应避免空间局促。

（4）生物滞留设施应注重不同区域的植被选择，为满足景观视觉美，一般为海绵植物与非海绵植物搭配种植；滞留设施周边可用卵石收边，既加快雨水排渗，又增添铺装层次美感。

（5）排水沟可与水景及绿化区域结合设计。

多种透水铺装集合的园路

线性雨水沟收集

透水混凝土道路结合雨水花园

地下蓄水箱收集铺装径流

5.9 优秀案例
——弗莱堡市扎哈伦广场

项目位置：德国，弗莱堡市

项目规模：5 600 m²

设计公司：安博·戴水道

扎哈伦广场与 2009 年修复的历史悠久的海关大厦形成了鲜明对比。该广场完全摆脱了污水处理系统，成为了一个很好的水敏性城市设计的案例。美丽的种植池提供了渗透点，拥有创新式内置过滤基质的地下砂石沟渠减轻了污水处理系统的水压负载。缩进的广场区域创建了一个地表防洪区。雨水没有汇入地下污水处理系统，而是补给地下水位。该设计建造于曾经的铁路院落场地之内。富有年代感、多功能的座椅唤起了人们对于铁路轨道枕木的记忆，而旧的铁路轨道则被镶嵌于地面铺装之中。一片明快的樱花树林提供了充足的树荫，渗透式种植池之中育有多年生植物和观赏草类，形成鲜艳、柔美的花草景观。100% 的硬质景观材料均来自旧的铁路院落场地回收利用的优质材料。因此，不论从资源管理的角度还是建造材料的来源方面，这一新型、清洁的现代化广场设计都与历史悠久的海关大厦建筑形式相互映衬。

透水铺装广场与植物景观的关系

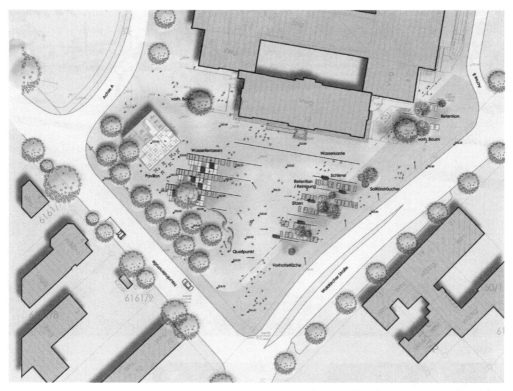

项目总平面

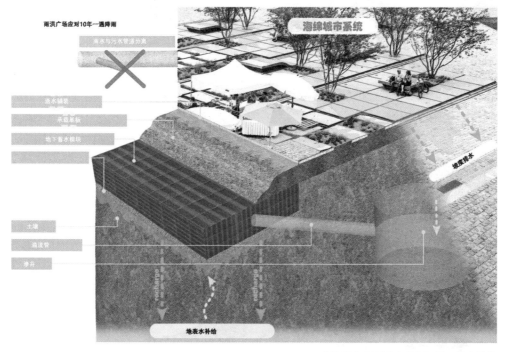

收集透水广场雨水储存至地下蓄水模块

广场的下凹绿地景观效果

透水广场中的座椅设计

种植当地乡土植物

透水砖与留缝铺装相互结合

5.10 优秀案例
——上海陆家嘴环路(世纪大道—百步街路段)的人行空间铺装透水设计

项目地点:中国,上海

景观设计:上海选泉建筑景观规划设计有限公司

对陆家嘴生态透水铺装示范段的改造,不仅使景观效果大大提升,同时还起到一定的雨水收集下渗效果,减少短时间内的路面积水,更为重要的是,它已从单一的通过性空间升级成为既可通过,又可驻足休憩,并且具有生态示范作用的多功能空间。

项目利用组合式透水模式进行铺装设计,主要采用两种类型的铺装材料,即透水铺装材料和不透水铺装材料相结合。透水模式分为以下四种:通行空间内的沟缝式、平面组合式,边界空间内的明沟式以及绿地休憩空间的雨水花池式。在功能区块上,位于商铺人行密集的区域采用光洁的花岗岩不透水铺装结合线性排水沟模式。在平面上组成不同的铺装图案,构成点、线、面三种生态化透水的铺装形式,通过透水点、透水带、透水面达到生态透水的目的。

广场鸟瞰图

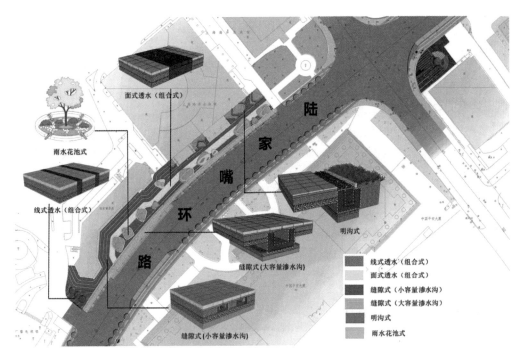

陆家嘴环路

面式透水（组合式）

雨水花池式

线式透水（组合式）

缝隙式（大容量渗水沟）

明沟式

缝隙式（小容量渗水沟）

线式透水（组合式）
面式透水（组合式）
缝隙式（小容量渗水沟）
缝隙式（大容量渗水沟）
明沟式
雨水花池式

示范段位置图

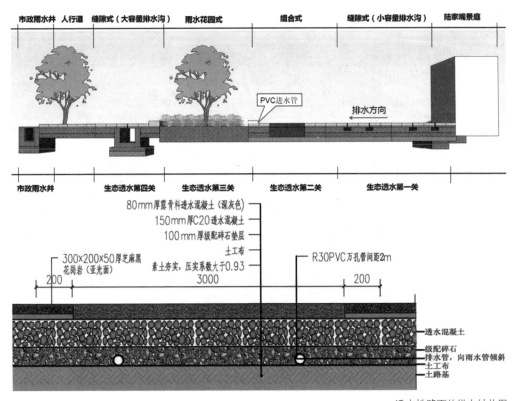

市政雨水井　人行道　缝隙式（大容量排水沟）　雨水花园式　组合式　缝隙式（小容量排水沟）　陆家嘴景庭

PVC进水管　排水方向

市政雨水井　生态透水第四关　生态透水第三关　生态透水第二关　生态透水第一关

80mm厚露骨料透水混凝土（深灰色）
150mm厚C20透水混凝土
100 mm厚级配碎石垫层
土工布
素土夯实，压实系数大于0.93

300x200x50厚芝麻黑花岗岩（亚光面）

R30PVC万孔管间距2m

200　3000　200

透水混凝土
级配碎石
排水管，向雨水管倾斜
土工布
土路基

透水性路面的纵向结构图

183

改造前

改造后

雨水花园应用的具体范围及建成实景图

陆家嘴环路透水铺装

海绵城市设计图解

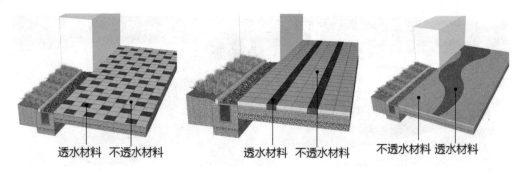

透水材料　不透水材料　　　透水材料　不透水材料　　　不透水材料　透水材料

平面组合式透水模型图

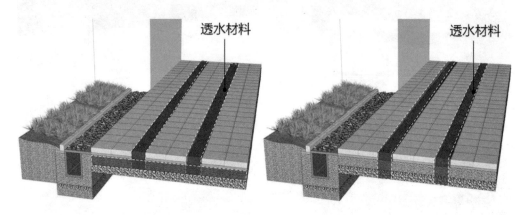

透水材料　　　　　　　　　　透水材料

垫层全部和局部采用透水材料的组合式模型图

平面线式透水模式应用的具体范围、现场实景

改造前

改造后

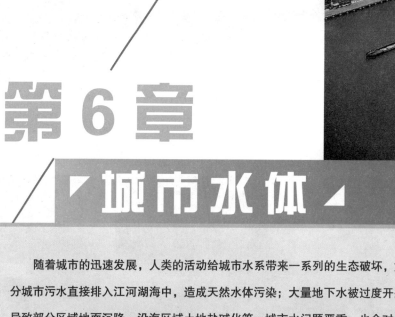

第6章

城市水体

随着城市的迅速发展，人类的活动给城市水系带来一系列的生态破坏，如部分城市污水直接排入江河湖海中，造成天然水体污染；大量地下水被过度开采，导致部分区域地面沉降，沿海区域土地盐碱化等。城市水问题严重，也会对城市建设带来负面影响，各地区水库蓄水状况、供需水状况及水质污染状况恶化在一定程度上加剧了旱灾的发生，如此相互作用，城市水体与城市建设将会陷入彼此破坏的恶性循环之中，因此，海绵城市的建设与推进刻不容缓。城市水体是海绵城市设计的基础，是海绵城市策略中的天然储水设施，因此，对于城市水体的修复与保护，不仅应防洪滞洪，还应积蓄利用雨水。

本章以城市河道、城市湖泊及城市湿地三大部分阐述剖析城市水体问题，其中以城市河道为主要探究部分，分析阐述三个尺度下（流域、区域和场地）的河道问题现状及解决策略，试图从宏观至微观的角度全面解读城市河道所存在的问

题以及其对城市建设所产生的影响，以实际改造项目或城市场景为例，提出三大尺度下相应的海绵城市解决策略，并针对城市河道的生态驳岸、植物选择等细节部分给出了相应的设计策略。而针对城市湖泊和城市湿地，本章则从整体层面综合概述其现存问题及相应解决策略。本章注重外源排放以及内源循环对城市水体的双重影响，一方面，通过滞洪区域、梯级净化设施等的建设，降低甚至是避免外援排放产生的污染；另一方面，通过生态驳岸、湿生植被层等生态设施的建设，改善城市水体基底环境，净化水质，为水生物提供栖息场地，同时增加水体之间的相互调节与流通性，提升河道生态性能。

在建设海绵城市的同时，应始终强调景观营造的重要性，因此，不同面积与形式的生物滞留设施不仅应具有收水、净水、滞洪等功能，还应具有一定的景观观赏性，如植被需要考虑搭配种植，四季分明的北方城市还应考虑四季花相等。在此基础上，适当增设亲水空间，在使用安全范围内，增加人与城市水体的互动，提升自然场所的公众参与性。

6.1 城市水体雨水系统流程图

本流程图展示城市水体周边可设置的海绵城市设施，以及雨水径流能够实现的下渗排放路线。

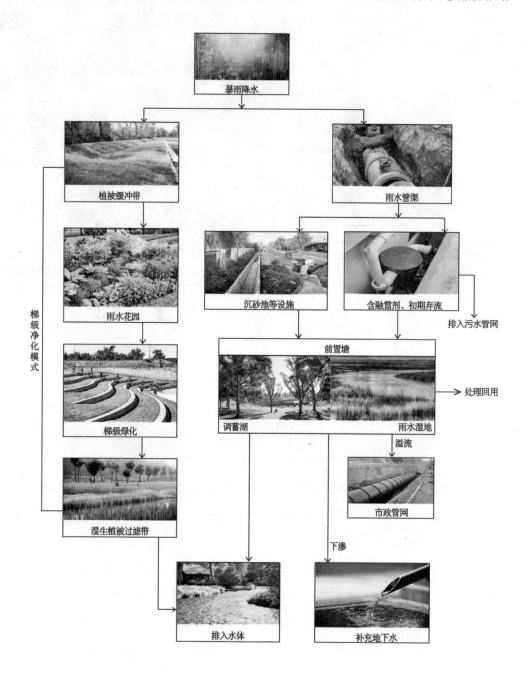

6.2　城市河道

1. 城市河道概述

1）概念解读

城市河道是城市内土地和水域相互联系的过渡空间，既包括城市的陆地，也包括城市的水体，而且还具有一部分水陆结合的空间，同时，城市河道是衡量一个城市生态系统优劣性的重要要素之一。基于海绵城市理论，城市河道是城市中最大的海绵体，是重要的排洪通道，在补充地下水、防止城市内涝等方面起到重要作用。

2）现存问题

（1）缺乏对城市河道系统的雨洪管理，致使部分河道出现断流现象，抵御洪水能力差。

（2）近年来，为提高河道的泄洪功能，治理过程中大量使用钢筋、水泥、混凝土等硬性材料，并人为改变河道走向，河道缺乏与周边场地的联系，河水无法自然下渗，地下水短缺，生态平衡被破坏，景观效果极差。

（3）大量的工业废水和生活污水未经处理直接排入河内，污水量大大超过河道自身的自净能力，致使水体污染严重。

（4）为满足城市居民用水、城市工业生产用水需求，以及建筑用沙需求等，人们过度利用城市河道资源，对河道生态系统造成极为恶劣的影响。

城市河道现存问题

2. 城市河道三大尺度解析

1）河道三大尺度概念

流域尺度：指由分水线所包围的河流集水区，即河流及其支流所经过的地区，在流域发生的污染具有上游向下游转移的特点。

区域尺度：根据地理方位或土地界划，具有明确边界的场地内的河水体系，相互之间不一定会相互污染，因为即使处在同一区域，也有可能处在不同流域。

场地尺度：聚焦到某一场地的某一条河道或某一块水体，横向上强调河道与周边建设场地的相互影响及联系，纵向强调河道内部的水质及生物多样性。

2）河道三大尺度特点

流域尺度强调上游至下游的连贯河流体系，并没有土地界限的划分，其特点为：某一处被污染，若不及时整治，整条流域都将被污染，关注流域本身的现状。

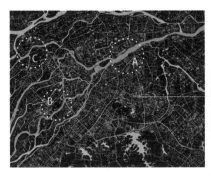

A点处遭受污染，处理修复不及时的情况下，B点与C点必然会遭受污染，因为三点均在一条流域体系，A点为B点与C点的上游区域。

区域尺度强调一定土地范围内的不同段流域，具有明显的边界划分，其特点为：某一处被污染，其它河段不一定会受到影响，关注宏观区域内水体的整体思考。

A点处遭受污染，处理修复不及时的情况下，B点必然会遭受污染，因为两点均在一条流域体系，A点为B点的上游区域；而多数情况下，C点则不会遭受污染，因为A点与C点处于不同的流域体系，因此相互之间几乎不影响。

场地尺度强调一定土地范围内的某一段流域支流，是从微观角度探寻水体设计，关注的层面为该段水体与周边场地的净化模式以及其自身驳岸的处理等细节思考。

A点可称为横向关注区，强调河道整体与周边场地的联系与互动；B点可称为纵向关注区，强调河岸线的营造，以及驳岸的处理形式，关注驳岸对于河道内部水环境的影响。

3. 流域尺度

本节引用案例为：黑龙江倭肯河流域污染防治与生态景观建设项目　设计单位：哈尔滨工业大学景观与生态规划研究所

1）问题分析

（1）流域内部灾害：行洪区数量及面积逐渐缩小，河道硬质化，导致上游连续暴雨时，中下游泛滥成灾。

（2）各支流碎片化，不同污染物质大量介入，水质污染严重，生物多样性大幅度降低。

（3）流域上游植被覆盖率急剧降低，导致水土流失，水源涵养功能及环境承载力均下降。

（4）城市化进程快速推进及流域边缘水体与沙土资源被过度开发利用，导致中下游进水量减少，泥沙淤积增加，湖泊湮塞，泉源干涸，甚或河水断流，洪涝旱蝗灾害愈发频繁。

（5）水域管理缺乏系统性及合理性。

黑龙江倭肯河生态廊道现状分析图

黑龙江倭肯河生态廊道水系分析图

由于城市建设的需要，城市水体被盲目填埋，有的河道排水被强制改为管道排水，导致很多城市多雨季节频发城市积水，造成"城中海"现象的出现。

河道污染问题

2）解决策略

（1）防洪规划：设计流域尺度的不同年限洪水位，预留足够泛洪区域，设计生态防线，建设用地均需在生态防线之外。

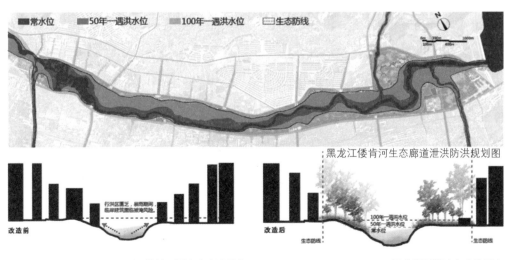

黑龙江倭肯河生态廊道泄洪防洪规划图

河道断面设计（改造前）　　　　　　　河道断面设计（改造后）

（2）雨水综合管理设计：

① 寻找具有潜在滞洪功能的湿地范围：利用 GIS 分析地表径流方向，确定汇水点，划定滞洪区域。

② 整体规划城市水域，形成完整水网络，利用泛滥平原、沿河漫滩、沼泽、湿林地等调节滞洪。

③ 调整城市上游建用地结构，规划季节性滞洪区湿地分布。

④ 规划设计城市水体，使之形成沿河支流水系，互相构建联系，强暴雨期间，相互补充调蓄。

195

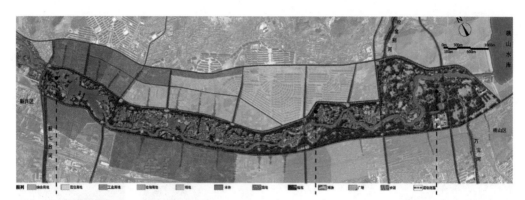

黑龙江倭肯河生态廊道规划总平面图

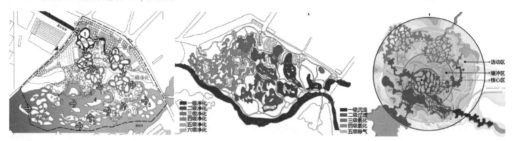

该流域中新七台河倭肯河湿地公园、北岸新城湿地公园及桃山水库坝下湿地公园三处场地的行洪排水及层级净化策略

（3）设计流域分级净水：由最初的沿河支流，到上游湿地系统（沼泽、漫滩），最后通过下游湿地结构，对流域水体进行逐级净化，提升水质。

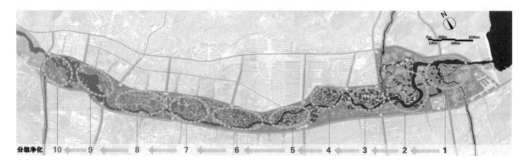

黑龙江倭肯河生态廊道净水模式规划图

（4）安全格局规划：

①修复重建流域植被系统的整体性，提高流域的植被覆盖率，提升流域涵养及净化能力，提升流域生物多样性。

②建立流域缓冲区，保护核心区，并使碎片化的支流之间建立联系，形成不同尺度的完善的水系统。

黑龙江倭肯河生态廊道生态格局规划图

黑龙江倭肯河生态廊道生态系统网络规划图

黑龙江倭肯河生态廊道开放空间规划图

在考虑河道生态性修复的同时，不应忽略河道流域的使用功能，利用景观元素丰富场所视觉美，提升城市公众参与度，增加人与自然的互动性。

3）实际案例展示

（1）改造前：

① 德国埃姆舍河是莱茵河的一条支流，周边地区煤炭开采量大，地面沉降。

② 河床遭到严重破坏，出现河流改道、堵塞甚至河水倒流的情况。

③ 大量工业废水与生活污水直接排入流域，河水污染严重，曾是欧洲最脏的河流之一。

改造前

改造前

净化节点

改造中

改造中

（2）改造后：

① 雨污分流改造和污水处理设施建设，同时建设大量分散式的人工湿地及净化设施。

② 采取"污水电梯"、绿色堤岸、河道治理等措施，并在两岸设置雨水、洪水滞留池。

③ 统筹管理水环境水资源。

④ 考虑流域的景观效果营造。

改造后

4. 区域尺度

1）问题分析

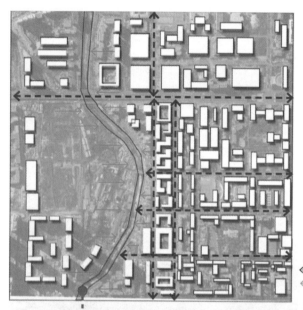

同一区域不同场地内的河道承载了全部的泄洪功能，被迫裁弯取直，破坏河床生态；区域建设加强，多数建筑临河而建，水体周边几乎无行洪场地，难以担负极端暴雨时期的滞洪功能；地表径流未经净化直接排入水体；区域内消纳净化雨水径流，使其自然下渗的生态设施缺乏，雨水往往通过市政管网直接排至河道。

┄┄┄> 市政排水
←─── 地表径流

区域尺度河道排水现状

2）解决策略

建设副河道，辅助主河道吸收雨水，减轻主河道承载压力；适当拓宽河道，提升河道雨水承载能力；适当建设调蓄湖、渗透塘等，一方面就地消纳雨水，分担河道压力，另一方面起到滞洪的作用；串联场地周边各绿色设施，建立循环生态系统。

常水位。

50 年一遇洪水位。

100 年一遇洪水位。

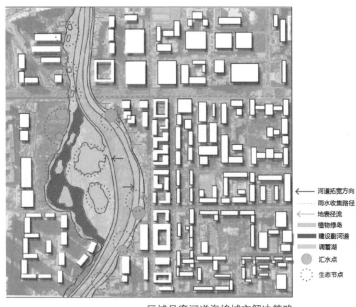

河道拓宽方向
雨水收集路径
地表径流
植物绿岛
建设副河道
调蓄湖
汇水点
生态节点

区域尺度河道海绵城市解决策略

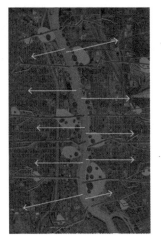
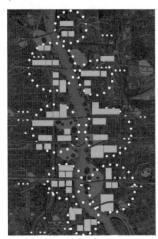
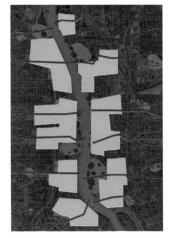

区域尺度河道周边构建生态系统

海绵城市策略与景观设计相结合，在最优化处理雨水径流的基础上，增加公众参与性。

| 亲水驳岸 | 亲水广场 | 亲水步道 | 亲水栈道 | 亲水绿地 |

海绵城市作为河道的绿色基础设施

| 雨水花园 | 副河道景观 | 生物滞留池 | 植被缓冲带 |
| 雨水湿地 | 调蓄湖 | 渗透塘 | 生态驳岸 |

区域内部有多种绿色设施可辅助河道消纳净化雨水、防洪滞洪，串联各个绿色设施，形成完善的生态系统，不仅减轻河道压力，同时保护原有自然资源与社会资源，促进人与自然的和谐共生。

3）细节设计

（1）调蓄湖

调蓄湖储存高峰径流量，规避雨水洪峰，实现区域雨水循环，同时，保护水体，提升水质，对排水节点间的排水调度起到积极作用。

区域水体中的滞洪生态设施不同于一般的防洪工程，调蓄湖要将传统水利工程与景观设计有机结合，以提升城市品位和生态质量。

调蓄湖

调蓄湖与景观结合：

调蓄湖结合城市公园设计形成开放活动区域，成为雨水径流汇聚区，减轻市政管网压力。调蓄湖结合开阔草地设计形成开放亲水区域，草地兼顾行洪区，调节区域微气候环境。调蓄湖结合人工湿地设计形成半封闭区域，保护水体，涵养水源，恢复提升场地物种多样性。

区域水体应具备三道生态防线：

林带——植被群落，去除固体颗粒物；

草带——拦截之用，去除悬浮颗粒及部分溶解态污染物；

湿地植物带——极具生态价值的水陆交错带，减缓水流，促进泥沙等颗粒物沉积。

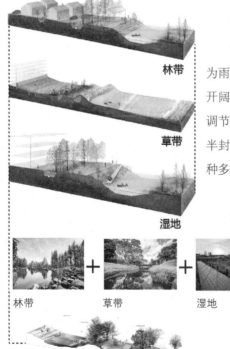

林带

草带

湿地

林带　　草带　　湿地

（2）渗透塘

渗透塘是利用地面低洼水塘或地下水池对雨水实施渗透的设施，可净化雨水，丰富景观效果。其渗透面积大，净水能力强，管理方便，储水容量大，具有降低雨水管系负荷与造价等多重功能，同时可避免水土流失。

渗透塘效果

渗透塘雨水收集原理示意图

4）实际案例展示

安博·戴水道设计公司设计的哥本哈根内城生态防洪项目，利用多元化的功能空间作为河道行洪区域，公园绿地在旱季时段与雨季时段承载不同的使用功能。旱季时段，场地可作为公园绿地，成为供市民活动的开放式公共空间；雨季时段，场地则作为泄洪区域，同时可适当储存雨水，这样的多用途空间在高密度的城市内有极丰富的使用功能。

旱季时段：场地作为开放式公共活动区，供人们休闲娱乐，同时增加城市富氧量

雨季时段：场地成为河道行洪滞洪区域，减轻河道压力，同时可适当储存雨水，供浇灌回用

5. 场地尺度

1）问题分析

（1）驳岸硬质化,几乎无自然下渗能力,与水体之间缺乏必要的流通与调节,水体逐渐成为"死水"。

（2）地表径流经过硬质驳岸进入河道之前无法得到过滤净化,致使水体污染愈发严重。

（3）由于区域建设,部分河道被占用开发,破坏两岸动植物的生存环境,破坏了动态的自然景观系统。

降雨期间,雨水未经过滤直接或通过雨水管渠间接排至水体,大量径流污染,导致水质急剧下降,极端暴雨期间,由于行洪面积不足,周边建筑有被淹没的风险;驳岸硬质化导致景观品质弱化,丧失公共空间的功能。

场地尺度河道改造前

建筑占用驳岸

北方冬季驳岸

河道水质污染

径流垃圾堆积

河道"死水"现象

河岸渠道化

2）解决策略

（1）植草护坡结合生态河床，建立生态驳岸，保证自然下渗的同时改善河道环境。

（2）采用梯级净化方式，利用河道周边空间形成生物滞留设施，减缓地表径流，滞留、净化过滤雨水。

（3）规划改造被占用的河道,适当设置亲水区域,恢复河道景观效果,增强水体与人的互动性。

适当拓宽河道，并通过下凹绿地、生态树池、透水铺装等生态滞留设施增加河道行洪区域；利用石笼堆砌梯级生态驳岸，使雨水径流经过分级过滤后排入河道，净化水质，同时增加水体与周边区域的相互流通性，石笼缝隙为水生物提供栖息场所；滨水步道结合生态驳岸，提升空间景观性及人群互动性，行使其作为公共空间的功能。

场地尺度河道海绵城市改造策略

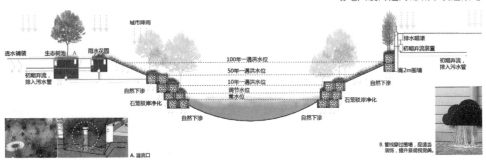

典型河道断面设计

3）细节设计

（1）梯级净化模式

利用水体周边自然地势，将不同的生物滞留设施从高至低布局。横向层面：雨水径流进入水体前，通过所有生物滞留设施进行分级过滤；纵向层面：雨水径流进入市政管网前，通过生物滞留设施单元在其内部下渗、过滤、储蓄、溢流。

河道断面梯级净化示意图

河道梯级净化效果图

（2）生态驳岸

生态驳岸是指将硬质驳岸恢复为自然式或具有自然水体特点的可渗透性的人工驳岸，在城区中的滨水区域形成了水陆相依的生态廊道，生态驳岸的建设可以充分保证河岸与水体之间的水分交换与调节，同时具有一定的抗洪强度，保证驳岸区域的安全性与耐久性。生态驳岸形式分为自然式驳岸、有机材料驳岸以及工程材料驳岸。

自然驳岸（无置石）

树桩驳岸

改造前棕榈砖驳岸

改造后棕榈砖驳岸

改造前生态袋驳岸

改造后生态袋驳岸

耐水木料驳岸意向

石材干砌驳岸意向　　混凝土预制构件驳岸意向　　　　　　石笼驳岸意向

209

自然式驳岸：利用沿岸土壤和植被，适当采用置石、叠石等，以减少水流对土壤的冲蚀。有机材料驳岸：用树桩、棕榈砖、竹篱、草袋等可降解或可再生的材料辅助护坡，再通过植被根系固岸。工程材料驳岸：利用石笼堆砌、石材干砌、混凝土预制构件、耐水木料等构筑高强度、多孔性的驳岸。

（3）植被选择

① 水体周边的植被首先要具有极强的耐淹性；其次，基于海绵城市理论，植被还应具有耐旱性、耐受性；同时，根系要极其发达，能够对雨水径流起到过滤净化的作用。

② 水体周边的植被大致分为四个种植区，即：乔灌种植区、灌草种植区、湿生种植区及水生种植区，四个区域形成梯级净化模式，雨水径流通过梯级区域层级过滤，减少污染，保护水质。

③ A区与B区为淹水少于6小时的区域，C区为淹水8～10小时的区域，D区则为淹水大于24小时的区域。

④ 湿生植被和水生植被要具备足够发达的根系，其生长之后能够起到固岸的作用。

⑤ 植被种植不仅要满足海绵城市的需求，同时要具有可持续的景观视觉性，水体的植被配植，主要是通过植物的色彩、线条、姿态以及竖向层次搭配来组景、造景及衬景。

⑥ 北方的植被栽种要考虑季节性，因此北方可选择的植被中还应具有极强的耐寒性；植物搭配时，注意考虑四季的植被景象。

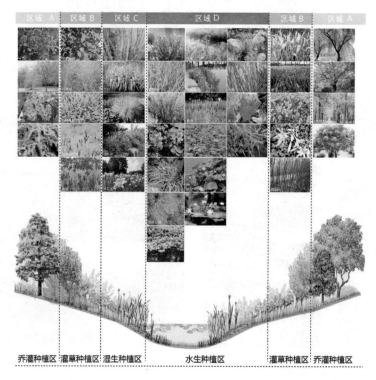

典型河道植物选择

4）实际案例展示

在 GVL 怡境国际设计集团设计的西安西咸新区沣河公园景观设计中，西咸地区地下水位较高，且部分区域为湿陷性黄土，雨水不宜大量下渗，因此设置地下蓄水模块对其进行收集，通过渗井排入市政雨水管渠，补充地下水；不同尺度的生物滞留设施结合景观场地进行规划设计。

●雨水花园　●生态水泡　◯人工湿地　▱透水铺装　▮生态停车场　▮地下蓄水模块　——下凹绿地　——雨水沟　┈梯级绿化　‖‖植被过滤层

西咸新区沣河公园海绵设施分布平面图

（1）同一个场地下，不同生态节点组合不同尺度的梯级单元，过滤雨水径流，提升场地生态性。

（2）梯级净化过程中的每一个生物滞留设施均具有下渗、消纳、过滤雨水径流的功能，部分滞留设施地下安装蓄水模块，可储存雨水，作为景观回用水和场地公厕等用水。

（3）流经生物滞留设施的雨水，一部分在其自身下渗溢流至市政管网，另一部分继续流经梯级设施，最终排入水体。

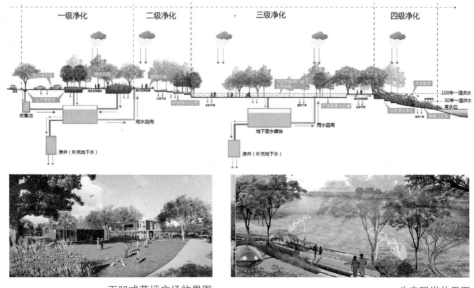

下凹式草坪广场效果图　　　　　　　　　　　生态驳岸效果图

6.3 城市湖泊

健康的自然湖泊

1. 概念解读

湖泊是地表相对封闭的可蓄水的天然洼地，其水量来源为降雨、地表径流、地下水或是冰雪融水，而湖水消耗主要是蒸发、渗漏、排泄以及开发利用。

2. 现存问题

（1）湖泊面积缩小，贮水量相应缩减，可利用水量减少，部分湖泊已经干涸。

（2）污染加剧，水质不断恶化。

（3）漠视湖泊自然法则的超负荷甚至是破坏性的开发使湖泊生态系统严重退化，周边绿洲沙漠化，灾害频发，大片干涸的湖底沉积物成为沙尘暴的物质来源。

（4）已经演变成区域自然环境变化和人与自然相互作用最为敏感、影响最为深刻、治理难度最大的地理单元。

湖泊的污染问题

3. 解决策略

（1）从流域层面整体治理湖水污染，一方面从源头截流污水并统一进行处理，达标后重新注入；另一方面，利用周边绿色基质，建设梯级净化模式，保证流入的水质达标。

（2）注重内源循环带来的影响，选择适当植被，吸收减轻内源营养负荷。

（3）湖泊作为天然蓄水池，可作为海绵城市系统中的储水单元，通过径流的收集，补充水源，防止其干涸。

（4）与河道相近的湖泊可直接作为调蓄湖，成为滞洪区域。

a. 湖泊周边适当建立活动区域，增加人与水体的互动；
b. 注重外源排放的影响，建设绿色斑块，作为湖泊的梯级净化设施。

利用水生植被，对雨水径流进行二次过滤净化；同时吸收湖底内部的富营养物质，如氮、磷等，从内源层面进一步净化水质，提升湖泊生态性能，促进生物多样性。

湖泊代替人工预制蓄水模块，成为天然的调蓄、储水设施，大量通过被净化过滤的径流补充水源。

可作为邻近河道的行洪滞洪区域，同时兼顾场地的调蓄湖，储存雨水。

湖泊周边的海绵城市解决策略

6.4 城市湿地

1. 概念解读

湿地兼有水陆两种生态系统的基本属性，其广义涵盖的类型非常之多，甚至包括部分河道及其周边的绿地斑块；而其狭义概念争议较多，但其所强调的本质相同，即为：水文、土壤及湿地植被三要素的同时存在，但所有枯水期水深超过 2 m，水下无湿生植被生长的大型河道、湖泊以及海洋则不属于其涵盖范围，而是属于水生生态系统。

2. 现状介绍

我国现阶段所探讨的湿地多为狭义尺度下的湿地区域，即：湿地景观区域，强调的核心是人与自然的和谐共生，以及湿地自身的生态系统循环。

湿地景观

3. 现存问题

（1）当"生态"一词重新回归公众视线时，大量湿地被盲目开垦与改造，尤其是沿海区、长江中下游、东北沼泽湿地区等。

（2）大量工业废水、生活污水的排放，破坏湿地生物多样性及其水质，湿地环境污染已经成为我国湿地面临的最严重的威胁之一。

（3）湿地区域自然资源的过度利用，导致其生物群落结构改变、多样性降低，大量的森林砍伐影响流域生态平衡，使来水量减少，因此水土流失及泥沙淤积日益严重。

湿地的各种威胁

4. 解决策略

通过湿地的本质三要素以及现存的问题，提出以"土壤、植被及净化模式"为核心的三个层面的解决策略，提高湿地的自我调节能力，加快其修复速度。

（1）土壤策略：适当改良土壤，提高土壤肥力，固定流沙，改善恢复湿地基底环境。

（2）植被策略：选择根系十分发达的植被，固定流沙、过滤雨水径流的同时，为湿地生物提供栖息场所。

（3）净化模式：湿地可作为海绵体中的调蓄储水单元，连接雨水花园、下凹绿地、植草沟等形成梯级净化模式，保证湿地的来水量以及水质。

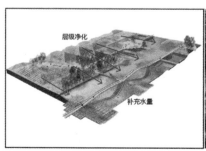

绿色基质梯级净化　　　　　　　　　　　　　　水体内部梯级净化

6.5　小结

1. 城市水体改造策略效益

（1）利用流域周边的绿色基质作为不同年限的行洪区域，不仅可以减轻流域本身的泄洪压力，同时串联各绿色基质，形成完善的可循环的水系，适当补充中下游进水量，提升流域水涵养能力，避免水土流失、水流改道、水面断流及水域干涸等现象发生。

（2）适当拓宽河道或建设副河道，有效提升水体本身的行洪能力；调蓄湖与渗透塘的建设，不仅可以在暴雨期间滞留雨水，也可减缓热岛效应，改善区域微气候环境；部分行洪节点兼做安全的亲水活动空间，增加公众参与性，提升城市景观品质。

（3）梯级净化模式能净化雨水径流，通过不同层级的功能绿地及生态驳岸，吸附、过滤、拦截雨水径流中的污染物质，吸收场地内的有害气体，保证水质，营造完整的湿地生物链；同时，不同的功能绿地及植被搭配带来极强的景观观赏性。

（4）水体与绿化结合，解决常水位以上用地长期单调的现状，形成连贯而系统的生态网络，使之便于管理；行洪区滞留的雨水可以补充地下水及市政用水，节省长期的市政浇灌费用；不同的海绵体在截污减排的同时，还具有低维护、可持续发展的优势。

2. 海绵城市策略技术要点

（1）基于海绵城市理论下的城市水体设计，应使其超越单纯的防洪保护、排水、供水以及净水等功能，而是在保证其行使以上功能的基础上，成为充满活力、增强社会凝聚力以及承载历史文脉的多功能的城市空间。

（2）不同的生态驳岸拥有不同的适用场所：

① 自然式驳岸适用于坡度自然舒缓、在土壤自然安息角范围内的水位落差小、水流平缓的区域。

② 有机材料式驳岸适用于坡度自然、可适当大于土壤自然安息角的水位落差较小、水流较平缓的区域。

③ 结合工程材料式驳岸适用于4 m以下高差、坡度70°以下岸线、无急流水体的区域。

（3）水流急、水面与陆地高差大、坡度陡的区域，应适当增加硬质工程驳岸，因为硬质工程驳岸具有较强的稳定性和抗洪功能，但是为了保证水体的水质及水域生态性能，建议此种情况下，硬质工程驳岸与生态驳岸结合设计。

（4）行洪区的设置应根据场地周边的用地现状进行设计，一般行洪区设置为10年一遇洪水，极端暴雨、多雨地区，需要设置 50 年一遇洪水，甚至是 100 年一遇洪水区。

（5）关于渗透塘的设计要点：

① 雨水渗透塘容积大，调蓄能力强，但其后期土壤饱和往往渗透能力下降，因此，要定期对其清淤或晾晒。

② 部分地区可利用天然低洼地作为渗透塘，简单经济，但施工时，要对池底部做些简单处理，如铺设砂石、卵石等透水性材料，增大其雨水渗透性。

③ 地下渗透塘可使用无砂混凝土、砖石、塑料块、玻璃钢等材料进行砌筑，为防止渗透塘堵塞，常在渗透材料外包裹土工布等透水材料，不同的材料其孔隙率有所差别，设计时应根据降雨量及设计调蓄量来选择使用材料。

（6）梯级净化模式应根据场地的使用功能进行生态节点的布置，在满足人们使用要求以及最优化处理雨水径流的基础上，提升城市的景观视觉美感，增加公众的参与性。

（7）渗透塘底部要高于地下最高水位和基岩至少 0.7 m，表面凹深不宜超过 1.4 m，要有防溢流设施，且距离饮用水源应大于 30 m，不适合建在周边坡度大于 10° 的区域。

具有景观特色的副河道

水体周边需要设置足够的植被缓冲带

具有净化功能的梯级水体

湿地作为特色的景观

6.6 优秀案例
——伦敦麦克拉伦技术中心水管理项目

项目位置：英国，伦敦

项目规模：16 200 m²

设计公司：安博·戴水道

由于英国的干旱和洪涝日益极端和明显，因此通过一种防止环境破坏而且对环境有利的方式，将新的 F1 赛车调试研发中心设立在自然保护区内，就成为了一个极其重大的挑战。安博·戴水道设计公司与福斯特建筑事务所以及整个项目团队合作创建了一个灵巧、生态的水系统，将雨水管理、生态保护与建筑冷却系统结合起来。

屋顶和停车场地上的雨水被收集起来储存于湖中。湖水通过自然生态群落系统在通道下层循环，流至建筑热交换器，并从一个 200 m 长的水瀑倾泻而下。此自然冷却系统的应用，避免了大型机械冷却塔的建造带来的环境破坏，保护了场地内的整体生态环境以及景观品质。清澈的湖水为邻接河流提供了补给，缓解了溪流的季节性干涸，为地区的生态环境做出了颇有价值的贡献。建筑物和湖体之间的阴阳造型概念模糊了室内外空间的界限，不论是望向建筑内部或是从室内远眺，其视觉感观都让人难以忘怀。

雨水调蓄湖与建筑关系

雨水收集后的景观效果

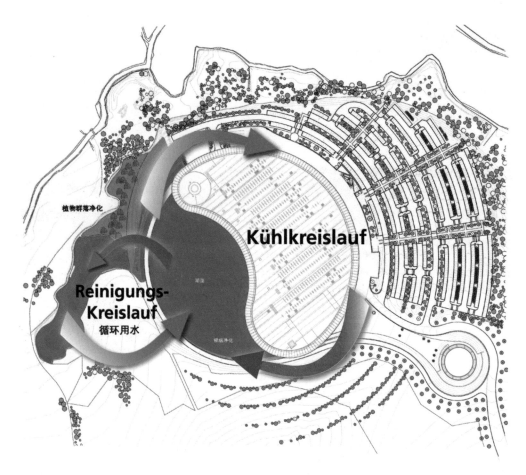

冷却回路

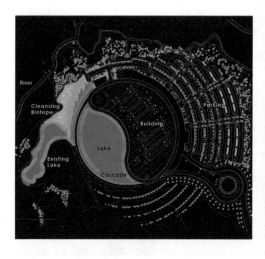 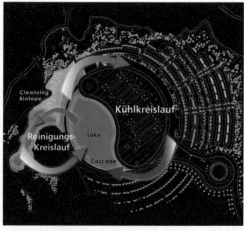

雨水在湿地、景观湖和建筑内部循环使用

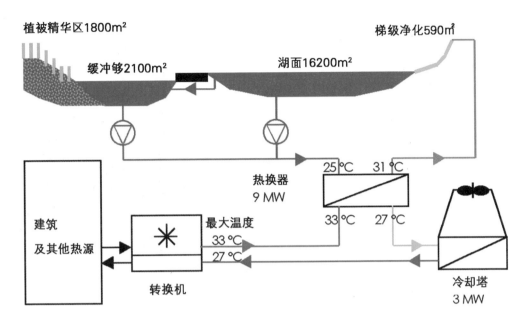

植被精华区1800m²

梯级净化590㎡

缓冲够2100m²

湖面16200m²

热换器
9 MW

25 ℃　31 ℃

33 ℃　27 ℃

建筑
及其他热源

最大温度
33 ℃
27 ℃

转换机

冷却塔
3 MW

雨水循环流程图

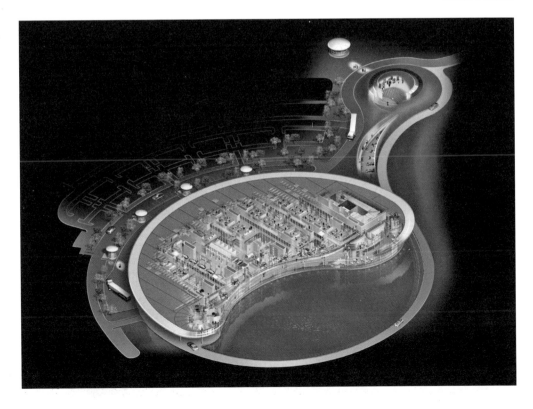

项目空间效果图

雨水被植物群落净化后作为瀑布水景

采用湿地等植物群落进行雨水的净化

6.7　优秀案例
——帕拉马塔市河道景观设计

项目地点：澳大利亚，帕拉玛塔　　景观设计：McGregor Coxall

完成时间：2013 年

帕拉玛塔流域穿过全市的中心区域，设计规划的核心之处就是这条帕拉玛塔河流的整体生态安全策略。因为随着城市化高速发展，过多的人为干预影响了水质和自然生态的开放空间。设计的主旨是建立了一个重新焕发活力的洁净的河流廊道来提高帕拉玛塔河的水质和生态环境。该计划以主湿地、雨水处理系统、多功能雨水广场以及河岸种植来软化整体流域廊道。

湿地的主要作用是给下游改善水质，雨水广场作为潜在的流域径流处理地点，岸边种植区域是沿河道走廊的关键位置，以软化河道边界为本地物种提供栖息地。洪水问题仍然是约束物理设计和滨河发展的重要因素，设计需要将许多可能导致洪水危险的因素考虑在内，McGregorCoxall 事务所和帕拉玛塔市政府应用弹性洪水的技术保障安全和活化河流廊道，以此应对山洪爆发和洪水危机。通过引入循环水管理和水敏感的城市设计活动增强河流生态系统，例如湿地和雨水处理系统。

河道水体鸟瞰效果图

梯级河道剧场效果图

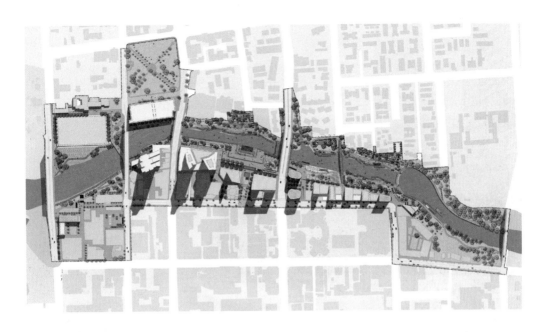

河道景观规划平面图

　　洪水控制阀门：采用荷兰和德国的防洪工程技术，从洪水淹没区中预留出安全的空地，作为零售贩卖区和咖啡厅使用。

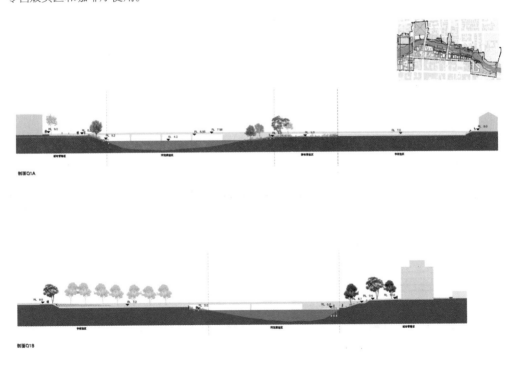

河道上游高程剖面图

河道空间景观效果图

　　河道高差设计：河道边界的高程是可到达的坡道和与道路连接的水平楼梯，一系列的高差包括河流上游、中游以及下游，使雨洪水位控制到百年一遇的岸线水平。

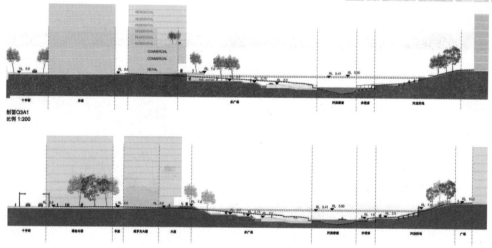

河道中游高程剖面图

活动广场与咖啡厅

河岸与坡道连接空间

海绵城市设计图解

河道鸟瞰效果图

水利阀门控制安全的水位